在路上，
如果感到耳边有风，
那是因为你在奔跑。

向前，
是我的选择。

# 那些钱
# 解决不了的事

田朴珺——著

北京联合出版公司
Beijing United Publishing Co.,Ltd

# 序

## 做最好的自己

在我很小还不懂事的时候，家里有一个冰箱，我总爱反复用力地开关，把门摔得砰砰响。有一次舅舅看见了，超凶地批评我不知道爱惜东西，我当场就哭了，觉得家里所有的人都对我很好，只有舅舅最讨厌。但长大以后我才懂得，舅舅是第一个告诉我应该学会珍惜的人。

开始了北漂生活以后，我身边的亲人和朋友在方方面面都给了我很大的帮助。真的很幸运，在成长中的每一个阶段，我都有贵人相助。正是那些曾经在我窘迫时帮助我的人，让我学着对这个世界充满感恩，也是他们成就了后来的我，让我终于有一天能够成为有能力帮助别人的人。

只要用心体会，就会发现其实每一天都很幸福。比如我现在的阶段，父母身体健康，我感情稳定，工作室也在一步一步地向前走，这就足够了。在人生中最美好的年龄，你对这个社会有一定的认知，又有能力养活自己，甚至还有余力帮助他人，让这个世界变得更加美好，这就已经是非常幸福的生活了。

人生的目标总在发生变化，我不能确定最终的目标是什么，但是我只要知道自己还在不断进步就足够了。还在上学的时候，我憧憬着能在硕大的北京城里有一个小小的家。第一次路过东三环时，看到中服大厦、国贸的楼群，感觉这个地方离自己的生活好遥远，不知何时才能融入进来。谁知若干年后，我不仅在北京安了家，买了房子，还过上了自己喜欢的生活。从为生计发愁，到攒钱创业，再到带着全公司的小伙伴一起打拼，这种感觉真的会让自己有些成就感。

永远都别觉得当下是最艰难的时刻，因为你永远都不知道未来会不会还有更艰难的挑战在等着你。2016年对我来说是很特别的一年，一方面是工作处在上升期，爬坡的过程中觉得压力很大；另一方面也有外界的各种大因素小风波让我烦恼。但是每隔一段时间我都会安慰自己，这都不叫事儿，谁的人生没有险？想想那些比你成功还比你努力的人，这点儿委屈和困难又算得了什么呢？

我虽然不是特别乐观的人，但也并不悲观，遇事还是愿意往好处想。很多事我也哭过，但是睡一觉，第二天对朋友吐个槽，也就没什么了。何况我也不在意别人的议论，人最重要的就是活得有自信，自己努力了，也没有伤害别人，也就问心无愧。

我是一个从普通家庭走出来的女孩，现在也仍处于奋斗阶段，所以并没有说教的资本。而我写这本书的目的，就是想把我曾经走过的弯路、做错的事情分享给大家。俗话说，就是把我踩过的"坑"，展示给大家，希望不会再有人掉进坑里，帮助朋友们"以史为鉴"，少走些弯路，更笃实地完成从新鲜人，职场人，再到国际人的进阶。

有些事情是金钱解决不了的，因为每个人的成长，其实都离不开一路的小小挫折。我也希望大家看到我的经验教训，能够少走弯路，每个人都能成为自己心目中的那个样子。

不论你有多聪明，或者有多少才华，都逃不掉与人接触，小到喝一杯下午茶，大到处理一件件生意，都少不了人与人的沟通和交际，所以我希望能够把我浅薄的经验分享给大家，也希望你们能够成为我的朋友。

胡适先生说得好："怕什么真理无穷，进一寸有一寸的欢喜。"愿我们未来的每一天，都能做自己最想做的事，都能做最好的自己。

田朴珺

# 目录

壹
／
礼仪如何改变了
我的生活

贰
/
我想分享什么样的
礼仪法则

礼仪如何
我的生活

如何改变了
生活

壹

礼仪如何改

壹
／
礼仪如何改变了
我的生活

# 第一章
## 我的故事

# 1 我的创业经历

二十岁的时候，我就第一次参与了创业的项目。这么看来我人生的商业起点还算挺早的。

当时在一个很普通的饭局上，有个朋友偶然说起正在做一个项目，需要找钱。出于给朋友帮忙的心态，我说那就帮着问问。其实当时我连"投资"这个概念都不是很清楚，就是有点儿一根筋，觉得朋友有需要就应该伸手帮一把，于是我决定帮他找投资人。

那是一个跟港口有关的项目。在项目执行过程中，最让我感谢的就是我的师傅。年近七十，不会用电脑，但他很认真地用铅笔在图纸上做标注，不厌其烦地给我讲解哪里是港口，水深怎么测，停泊的水位深浅怎么规划，船舶的重量是多少，等等。每样东西都清晰到门外汉也能看明白。那段时间我学到了很多东西，也养成了一个习惯，在涉及某个领域投资的时候，一定会提前自学相关的知识。

这是我做的第一个项目，傻乎乎的不会谈条件，所以并没有赚到钱。但是很多时候，有前辈愿意"带着你玩"就是一笔财富。历时八个月的项目，在我的职业生涯里绝对超值，它增加了我的信心，让我明白，不管资历多浅，只要你肯坚持做一件事，一定会有收获。

《谢谢你纽约》海报

这一课才是我真正的"第一桶金"。

我参与做制片人的第一个电影项目是《中国合伙人》，一看剧本我就很喜欢。改革开放以来，我们国家能有如此的发展，一个很重要的因素就是中国人的吃苦耐劳和执着的拼劲，但是国内却还没有一部反映这种精神的电影。所以我决定参与它，不仅仅是从商业上进行考量，说得高大上些，也是在向一代人致敬。

2014年，我成立了自己的工作室。从给别人打工到给自己打工，这是我人生中跨度很大的一步，或者说完全换了一种生活方式。简单地说，我对自己的生活有了更大的支配权，但压力和责任也就更大，因为从此没有"单位"对我负责了，我自己成了"单位"，我不仅要为自己的生活奋斗，还要为整个团队的生活奋斗。

创业需要天时、地利、人和，缺一不可。当时的考量是：首先，虽然我已经做了几年的地产项目，这个领域的利润率等方面也都很好，但每天要在工地里"吃

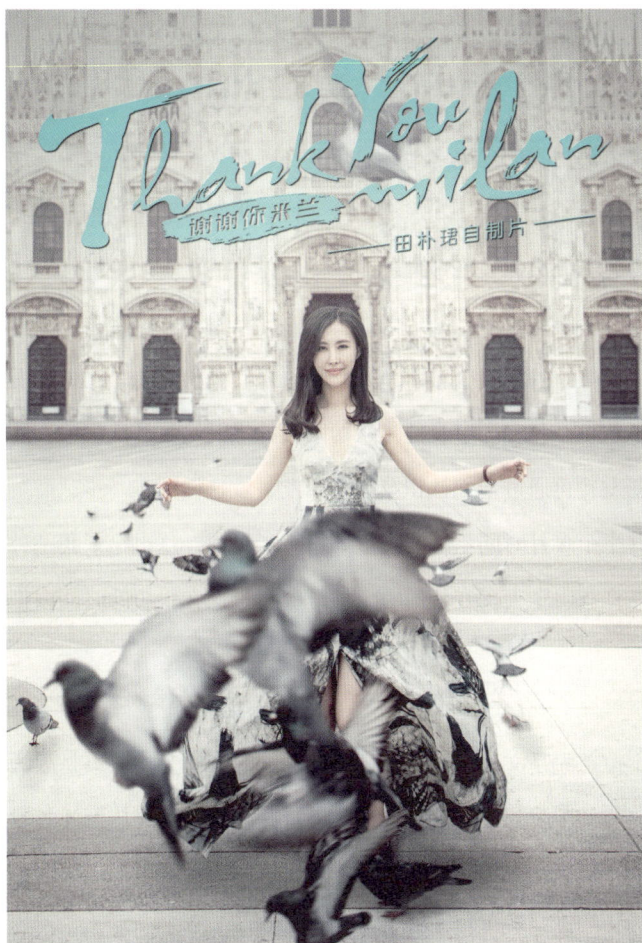

《谢谢你米兰》海报

沙子"，弄得灰头土脸的，我这么爱美，要对这份事业坚持和热爱，臣妾实在是做不到。其次，王先生做地产很成功，我再怎么努力也不可能超越他，我的小心机盘算着，想让他对我刮目相看，也不想让别人说闲话，这就必须要另辟蹊径，在其他领域做出些成绩。最后又因为《中国合伙人》算是比较成功的开始，所以我对自己说：那好，不如发展一下自己在这方面的专长，而且这也是我的老本行。

工作室第一个项目是"谢谢你"系列城市文化纪录片。做"谢谢你纽约"的缘起是《习惯就好》这本书。当时有朋友跟我说："虽然你不是最好的作者，但你都做过《中国合伙人》了，那你一定是'作者里最会拍片子的'，所以为什么不用视频去记录自己的生活呢？将所见所闻用视频呈现给读者不是更生动吗？"

很好的建议。如果说上海是我的出生之地，给了我"新鲜人"的成长经历，那么北京就算是我积累经验的地方，让我成为一个"社会人"，而纽约则是让我睁眼看世界的地方，我在此成为一名"国际人"。它是我的重生之地。

因为世博会的原因，我们拍的第二个城市是米兰。去米兰拍摄之前，第一次看景时，我一个人都不认识，我和同事真的是从两眼一抹黑开始，从认识一个朋友，到认识第二个朋友，再通过他们认识第三个朋友，就这样一步一步"磨"出的采访嘉宾。在这半个多月时间里，我们逐渐打开了局面，这也给了我一种新的自信，就是现在把我一个人扔在任何一个地方，我都能在很短的时间内把所需的圈子建立好。

"谢谢你"系列的定位首先是文化纪录片，选择互联网平台作为切入口是因为网络减少了中间商，节约了时间成本。"谢谢你"也是一种新的媒体形式。它用了新的表达方式——视频。也用了新的传播方式——网络。就好像三十年前中国没有一本时尚刊物，大部分都是《读者》《青年文摘》之类的杂志，也看

《谢谢你伦敦》海报

不到什么广告，但是自从有了第一个吃螃蟹的人后，这个行业发展到了今天如此的规模，还成为很多人生活的一部分。

载体的变化还有利于提高信息普及的效率，如"怎样做一个蛋糕"，要写好几百字才能解释清楚如何搅拌鸡蛋，但是视频用几个镜头就能说明白了。所以我希望在不远的将来，"谢谢你"系列能成为一个成熟的高端作品，实现真正的信息视频化。时代永远是不断前进的，人也应该时刻跟上这个潮流。

《谢谢你巴黎》海报

# 2 源自承礼的
改变

我工作室的另一个业务就是承礼学院，它也是我写这本书的初衷。

承礼学院希望将更多讲究生活品质、追求生命之美、愿意传播善念的人聚集在一起，然后把这种美好的力量传递给更多的人。承礼学院以礼仪为基础，既学习现代礼仪和西方先进的商业管理理念，也将中国文明之美传递给世界，是一座促进中西方交流的文化桥梁。

"承礼"二字的含义是"承先启后，礼理致仁"。中国是礼仪之邦，我们自然要继承老祖宗的优良传统。但同时，在现代化、国际化的进程中，还应掌握世界通用的社交规则。如今"学好数理化"已经不能"走遍天下都不怕"了，还要学习不同国家的人文社科知识，尤其是如何与人打交道，这样才能真正做到"走遍天下都不怕"。

2015 年，承礼学院成立。成立学院的想法是我一年前在英国剑桥大学小住的时候产生的。

以前在美国读书时，我也去过不少西方国家，对基本的礼仪规则也有所了解，比如如何握手、如何使用刀叉。但到了英国我才发现，"左手拿叉，右手拿刀"原来只是最基础的规则，关于肉该怎么切，勺子该怎么舀，用完餐后盘子该怎么摆，还有许许多多的门道和讲究，我当时就觉得自己像刘姥姥进了大观园一样。礼仪是文化的门槛，在背后支撑它的是一整套社会文化体系，如果不了解礼仪，你就很难真正接触到这种文化的核心，于是我决定要系统地学一学。

而在学了一段时间之后，我觉得自己不仅掌握了很多实用的技巧，气质也变了，整个人都更加自信与优雅。我想"独乐乐不如众乐乐"，组织了一些朋友一起来英国学，于是第一次"课程"就这样开始了。

说到这儿我想起一名"大满贯选手"，他参加了承礼学院两年以来的所有课程。他是一位来自河北的企业家，从小在农村长大，性格很朴实。第一次来上课时他很害羞，不会主动和大家沟通，但在几期课程之后，他就焕发出自信的光彩，而最让人惊讶的是，他今年居然开始学钢琴了！你能想象吗，一个三十多岁的画风像武松一样的男人，突然跟你说要对生活有些审美追求，然后就去看画展、学钢琴。那一刻我真的为他感到很高兴，也为自己颇感自豪：对于一件有正能量的事来说，哪怕只能影响到很小的一个群体，甚至只有几个人，它也值得做下去。

从一开始办承礼学院的时候我就下定决心，以后有条件的话还要为青少年做些事：一个孩子的改变能够带来一个家庭的改变，而从小改变和塑造一个人，不仅相对更容易，对他整个人生的影响也更大。

目前承礼已经做了三期青少年课程。第一期时，招来的学员年龄层不太一样，最小的九岁，而最大的已经二十一岁。起初，大朋友和小朋友不太能玩到一起，为了大家都能互相了解，我们就安排年龄大的孩子去照顾年龄小的孩子。如今的孩子多是独生子女，没有兄弟姐妹大家庭的生活体验，但其实这挺重要的。大家庭的生活体验能更好地理解什么是关怀，什么是无私，什么是爱幼，什么是敬长，这些也是中国文化中很重要的部分。

七天的课程结束后，不少年龄小的孩子都说会想念哥哥姐姐，大孩子们也表示舍不得弟弟妹妹，承礼让大家成为一个家庭。毕业典礼上，不少人都流下了眼泪，看到这一幕，我也哭了，其中有不舍，但更多的是为他们感到骄傲。

如今回想起来，做承礼学院两年多的时间里，我也遇到过很大的阻力和很多困难，最突出的一点就是有人说：你是一个中国人，为什么要去教"西方礼仪"？有些人甚至还会进行语言攻击。这些问题确实也曾困扰过我，但现在我的想法很坚定：

第一，不论东方西方，在"道"的层面上，礼仪的根本精神都是共通的，只是"术"的表现方式不同，其精髓都是强调"尊重"，重视"秩序"，从而让文明变得更好。

第二，在国际化程度如此之高的今天，单纯强调"东方"或"西方"的二元论有些狭隘，很多东西已经超越了地域限制，而变成一种国际共同认知。例如，英语是文字层面的国际语言，而社交礼节就是一种行为方式上的世界语言。就像东方国家的领导人在正式场合也要穿西服打领带，也要握手，这些基本礼仪规则都是要遵守的。

无论拍纪录片还是教礼仪知识，我的目的都是将美传递给更多的人，尤其是帮助朋友们更快融入社会。每个人都会经历"新鲜人""社会人""国际人"的进阶过程，因此我想把这本书献给那些初入社会的朋友，希望大家可以在社交礼仪方面少犯错误，少走弯路。或者通过看完这本书，至少做得比曾经的我出色一些，这就足够了。

梵蒂冈教皇Pope Francis（方济各）派特使赠予承礼学院橄榄树，寓意和平的希望传遍世界

# 3 我所理解的
礼仪之道

从小长辈就告诉我，礼仪是非常重要的事情。

我的姥姥是大家闺秀。在我很小的时候，她就立了很多规矩，比如吃饭时不可以"吧唧"，喝汤时不能"吸溜"，不可以乱扔东西，进门时要把鞋子摆放整齐。记得那时姥姥说：如果不把鞋摆正的话，出去是会挨别人揍的。

那时我根本不懂这些规矩有什么用，而且还挺反感的，觉得我们家人的事儿怎么这么多啊！但现在想想，其实就是这些"连哄带骗"的约束，让我从小就养成了良好的生活习惯。

一个人拥有良好的行为举止，是在社会上获得尊重的基础。我越长大越觉得，"有教养"是对一个人极高的评价，因为教养不仅体现出一个人的素质，也体现出一个家庭乃至家族的风貌与传承。

礼者，理之不可易者也。"礼仪"在当代的解释是："人际交往中，以一定的约定俗成的程序方式来表现的律己敬人的过程。"而在我们传统文化里，"礼"代表行礼之器，本义指举行祭神的礼仪。可见打老祖宗那儿起，"礼"这个字本身就是具有神性的，是很崇高的，后来引申成为约定俗成的仪规和行为准则，也是受到尊重与推崇的。

孔子思想中有两条很重要的主线，一是孝悌的提倡，二是礼乐的实施。礼乐是社会发展的重要基础，"礼乐文明"一词也是由此而来。用现代一点的说法解释："乐"的核心精神是和谐，"礼"是有序，即通过强调和维护某些秩序及约定俗成的方式，培养个人的修养和道德，进而促进社会的发展与繁荣。

中国自古是礼仪大国，只是当代社会节奏太快，很多东西被大家忽略了。但我们应该换个角度想：越是在这种忙碌和浮躁的环境里，越应该重视"礼"，甚至可以说正是"礼"的缺失，才降低了我们对于生活中幸福感的感知。越在今天坚持"礼"，越凸显一个人的品格和追求，越能锻炼自己。

礼仪无小事，从穿衣、妆容、走路、吃饭等个人层面，到面试、握手、谈判、宴请等社会层面，都涉及"礼"的常识与门道。你懂得礼仪，往小了说会让自己变得更好；而从大的方面讲，也会大大提高沟通和工作效率。懂得礼仪知识并准确应用，是利人利己；上纲上线地说，也算利国利民。

礼仪是一生之事，需要慢慢学习和养成。初入社会的朋友们有很多地方不懂是再正常不过的事情，我也出过洋相。记得有次在国外参加一个晚宴，对方明确告诉我要穿正装出席，但那时我在国内参加晚宴基本也都穿衬衫，所以就没把这要求当回事。结果到了现场后我才发现大家都穿得很正式，只有自己穿得像是来"打酱油"的，只好趁人不备，冲到旁边的店铺赶快买一件礼服换上。

还有一次，我去参加一个家庭宴会，主人的安排是客人要坐到指定的位置。但当时我跟现场多数人不熟，就自作主张找一个座位随便坐了，结果马上就有人走过来说："不好意思，你得起来一下，这不是你的座位。"当时的我简直就是尴尬本人。

不过吃一堑长一智，这些曾经犯过的错让我更加重视礼仪，现在已不会重蹈覆辙。中西方文化不同，礼仪方式也有差别，很多人刚踏入社会，或是欠缺经验犯错误，或是在重大场合过于紧张而不知所措，这其实都是很正常的事情。请你千万不要害羞，更不必气馁，多尝试，多留心，多多学习和思考，就会知道正确的做法。

在这个过程中，我也遇见过不少知礼懂礼的大咖，他们待人接物的态度与方法比课本更加生动、更加有说服力。在下面的章节里，我会分享几则给我启发很大的礼仪故事，以及所感受到的人生道理。

# 第二章 /
# 大咖教我的
# 那些事

# 1　琳·罗斯柴尔德&
# 雅各布·罗斯柴尔德

# "自然"是最好的待客之道

在礼仪学习方面，伊夫林·罗斯柴尔德的夫人琳·罗斯柴尔德对我有着重要的影响。

罗斯柴尔德家族每年都要举办一个聚会，邀请来的都是美国前总统克林顿、全球首富墨西哥电信大亨卡洛斯·斯利姆、汇丰银行全球总裁这个级别的大咖。在那样的场合里，几乎所有人穿的都是正装，在一片黑压压的人群里有一抹悦目的紫色，那就是罗斯柴尔德夫人。一袭紫衣和会场紫色的主色调，构成了和谐的画面。虽然已经年过六十，但她的身材和肌肉都很匀称，体形保持得非常好。给人的印象是充满了活力，对所有人都亲切地微笑，并送上热情的拥抱。

当天还发生了一个小插曲：罗斯柴尔德夫人戴的夹耳式耳环不小心掉在了地上，如果换作其他人，可能刹那间会尴尬得不知所措，但她却落落大方地说："不好意思，我的耳环掉了。"这时查尔斯王子刚好做完演讲走下台，他弯腰把耳环捡起来递给了她。罗斯柴尔德夫人优雅接过，幽默地说："如果每次都有绅士为我这样做的话，我愿意经常把耳环掉地上。"

罗斯柴尔德夫人是可以用礼貌与智慧 hold 住全场的人，她让我体会到在社交礼仪方面真的需要多多见识和磨炼，才能做到运用自如。

罗斯柴尔德家族中另一位对我有重要影响的人是第八代掌门人雅各布·罗斯柴尔德先生，我习惯叫他罗爷爷。罗爷爷对承礼学院的创办给予了莫大帮助，可以说，没有他初始鼎力给予的资源，就不会有承礼学院良好的开端。

记得那时罗爷爷问我，中国有很悠久的礼仪传统，大家待人接物应该都会很有礼貌，你为什么还要创办承礼学院呢？我说话虽如此，但最近几年国家的发展实在太快，大家都忙着向"钱"看，就把很多规矩和传统给忽视了。罗爷爷说："你的初衷很好，如果有需要的话，我来帮你介绍一些人。"之后他就安排秘书帮我们联系了礼仪老师、食宿甚至还有大巴车，他还把他的家借给我当作晚宴场地。

第一期学员到达伦敦的第二天，罗爷爷让我立刻去找他"汇报"工作。在办公室里，他问我项目进行得怎么样，还需不需要帮什么忙，我说一切都很顺利。听到这些他很高兴，然后聊着聊着他还提出会出席结业晚宴。我当时真是喜出望外，但不巧的是，晚宴那天罗爷爷忽然生病了。他连续给我写了三封邮件表达歉意。我的心里话是以他老人家这种身份和地位，能提出赴宴就已经是我们莫大的荣幸了，不来也很正常，但他居然还这么客气，真是让人温暖又受宠若惊。

后来，承礼学院第二期去伦敦上课时，我心想着没什么大事就不要再叨扰老人家了，于是去罗家的庄园参观前就只联系了他的秘书。可万万没想到的是，我们到达现场时发现，老先生居然已经在大门口等着大家了。

我惊讶地问："您是今天恰好在这里吗？"他说不是，而是专门为承礼而来。我说您怎么知道我们会来，他说："因为任何人来庄园参观都需要登记，我在名单上看到了你的名字，就特意赶过来了。而且上次晚宴我失约了，所以今天要给你个惊喜。"

除了感动，我还能说什么呢？

与罗斯柴尔德家族掌门人Jacob Rothschild（雅各布·罗斯柴尔德）

"自然"是最好的待客之道，它包含两个层面：在身份与地位相同或比自己高的人面前，不做作，不谄媚，落落大方，这是我从罗斯柴尔德夫人身上所看到的；而当面对比自己地位低的人或小辈时，不傲慢，不自大，包容和帮助对方，这是我从罗爷爷身上所学到的。所谓贵人，除了外在物质层面上的帮助，更可贵的是心灵上的教育与启迪。作为世界上最负盛名的家族之一，罗家这种以诚待人的姿态，我想也是其长盛不衰的重要根源之一，这值得所有人尤其是新贵阶层们学习。"平视"是最好的尊重。

后来我还发自肺腑地和罗爷爷说过："如果当初没有您的帮助，给第一次课程开了个好头，承礼学院也不可能走到今天。"而罗爷爷只是慈祥地笑笑，之后再见面时，他还会一如既往地问：What can I do for you？

## 2 苏珊·洛克菲勒

## "细心"让世界更加温暖

在美国，有一大家族与罗家齐名，那就是洛克菲勒家族。

苏珊是小大卫·洛克菲勒的妻子，他们是洛克菲勒家族第四代。我和她相识在英国的一个聚会上，那天她坐在我旁边，我并不知道她是谁，只是觉得言谈很随和，大家聊得挺投缘。后来她给我留了联系方式，说以后去纽约时可以联系她，我这才知道原来这位女士来自洛克菲勒家族。

苏珊是个很体贴的人。有一次我跟她去参加一个名流很多的party，像Alicia Keys这种明星都来了。我不太好意思主动跟陌生人聊天，就在一个角落里自己坐着，这时苏珊很幽默地跟我说："你不要干坐着，你要主动去和大家说话。你来自中国，大家都对你很好奇呢！"然后她就拉着我逐一去做自我介绍，就像我的PR一样。其实我知道，她这样做是想减少我"外来人"的疏离感，让我在陌生的环境里也觉得"comfortable"。

随着来往次数增多，她的细心和周到更是体现得淋漓尽致。承礼学院在去纽约上课时，苏珊还邀请二十多位学员一起去她曼哈顿的家中做客，这在美国可是非常高的礼遇了。其间有个小细节我特别难忘：去之前她会问每一个学员的名字，然后给每人做一个胸牌，大家进门时直接贴在衣服上。这样一来，即使彼此不太熟悉，聊天时也不会问"What is your name"这种尴尬的问题，而可以直接用"Hello×××"开场。

苏珊还特意聘请了服务生为茶会服务，她的丈夫小大卫还开玩笑说："你们知道吗，平常我在家里可没有这种被人伺候的待遇哦。"苏珊是媒体人出身，在社交场合里会侃侃而谈，小大卫则特意准备了一份发言稿，他说："我的记忆力没有她这么好，所以只能写下来读了。"他的 notes 上写了很多行字，下面还有修改的痕迹，足见他对这件事的重视。

在纽约课程接近尾声的时候，苏珊提出可以为大家安排一次大都会博物馆的 private tour。之前我去过很多次大都会博物馆，每次都是人山人海，但这次我们比开馆时间提前一个半小时就进去了，里面一个观众都没有，仿佛所有艺术品都只为我们而存在，美妙得如同幻觉。苏珊也早早到了现场，特意来跟大家道别。

与洛克菲勒家族第四代继承人David Rockefeller Jr（大卫·洛克菲勒）
和妻子Susan Rockefeller（苏珊·洛克菲勒）

苏珊用行动教会了我很多东西。待人接物，宴请宾客，往往最能体现一个人乃至一个家族的气度与风范。现在想来，不论是罗斯柴尔德家族还是洛克菲勒家族，对于承礼学院的事如此热心，并不是因为我有多么大的面子，而是因为乐于助人是他们家族的传统。对于承诺与答应别人的事他们不会失信，并力争把每一个细节都做到最好。

当然，你也会见到一些有钱人对什么事都表现出很随便的态度，对自己没有要求，对他人也没有礼貌。举个例子，当我们邀请苏珊参加活动时，她会很客气地回复"好，非常感谢您的邀请，我们一定按时出席"。但也有些人只会说三个字：知道了。既没说来，也没说不来，谱很大的样子，但他们真的比洛克菲勒家还要牛吗？是否知礼、达礼与财富和地位并没太大关系，就算你是社会新鲜人，也可以用礼仪来让自己变得更好，用细心让整个环境都变得更加温暖。

去年洛克菲勒先生一家人来北京，我请他们吃饭，顺便也叫了几个朋友一起来聊聊天。洛克菲勒听不懂中文，但他走的时候和我说，坐在他对面的那位先生"应该有一颗很纯净的心"，而身旁另一个人"好像不是很快乐"。他说的很准确，我就问他怎么知道的，他说这是一种气场和感觉。这说明在社交场合，虚伪的扮演是没有用的，你的内心都会自然地写在脸上，越是试图掩饰自己，越不容易被人接受。要相信每个人都有第六感，甚至不少人的第六感比理智分析的结果还准确，我自己就是一个特别相信第六感的人。

你可以把自己最好的一面呈现出来，但绝不能假装去表现那些你并不具备的特质。只有这样，你才能交到真正相互喜欢的朋友。

# 于贝尔·德·纪梵希

## "真诚"始终是第一位的

2018 年三月初，一代时尚泰斗于贝尔·德·纪梵希先生离世。关于纪梵希先生的生平与作品，书籍与媒体都有许许多多的报道，尤其是他和赫本的故事颇具浪漫色彩，作为一名读者，我也为之着迷。

在拍摄《谢谢你巴黎》时，我十分有幸地采访到了纪梵希先生。在面对面的交谈中，我真正感受到了老先生的伟大：他不仅在设计领域是一位巨人，在生活中也有着独特的人格魅力。如今每每想起和缅怀老先生之时，这种感受就越发深刻。

在采访中，这位年过九十的老先生非常平和，始终面带微笑。他会仔细聆听每一个问题，并且非常认真地回答；虽然语速不快，但每一个字都不含糊，对提问者非常尊重。老人家陪了我们整整一下午，在整个过程中，他都没说一句"累"或"需要休息"。最后，还是因为我们的摄像设备工作时间过长"快烧坏了"，才停止了采访。

整个摄制组有十几个人，我觉得这么多人都进入到老人的宅邸里不是一件很礼貌的事，所以采访之前就和大家说先不要进去。采访结束后，当我冒昧地向老先生提出"大家都很渴望和您见面"时，他竟欣然允诺，还拄着拐杖站起身来，一一满足了每个人的合影要求。我们临走时，他还亲自送给每个人一瓶香水。要知道，这可是纪梵希先生亲手送的纪梵希香水啊！他待人接物时真诚平和的态度，让我非常感动。

在社交礼仪中，不论是多大的腕儿，或是多么青涩的新人，真诚都会给你增加魅力。关于这点，纪梵希先生在采访中还讲了一个他和奥黛丽·赫本的故事，他们两人也是因为真诚二字打开了友谊之门。

当年，纪梵希年仅二十六岁，刚刚在巴黎时尚界崭露头角，而赫本正在为自己的新电影寻找戏服。《罗马假日》已让赫本取得巨大成功，但由于电影还未在法国上映，所以她在法国并不出名，当纪梵希听说"赫本女士"会来挑衣服时，他还以为是凯瑟琳·赫本。

与纪梵希品牌创始人Hubert de Givenchy（于贝尔·德·纪梵希）

当时工作室刚成立不久，人手紧张，纪梵希一开始拒绝了奥黛丽·赫本制作大量戏服的要求。但赫本欣赏纪梵希的才华，和纪梵希谈了一个下午。她非常有礼貌地问："先生，您今晚有什么事情吗？如果有空，我们能共进一次晚餐吗？"纪梵希现在回忆起这段往事，仍不无感慨地说："想象一下，如果当年，我坚持对她说不，那么不仅是这部电影，终其一生，我们都不会有交点，也就没有纪梵希的今天了。"正是赫本的真诚打动了纪梵希，之后纪梵希也用一生的真诚呵护着这段友谊。

对于一名社会新鲜人来说，请记得不管在任何场合，真诚永远要排在做人准则的第一位。现在社会上很多人的脸上都写着一个字：假。说好听点，就是扮演。你在扮演一个有钱人，或者一个有教养的人，再或者一个尊重他人的人。但我们不是好演员，这种扮演很容易被看穿。

# 4 法国前第一夫人 卡拉·布吕尼·萨科齐

## 理性"认识自己",才会得到 喜悦和安宁

作为法国前第一夫人,卡拉·布吕尼的人生可谓风光无限,除了嫁给一个有名气的丈夫外,她个人也有着辉煌的职业生涯:模特、歌手、演员、慈善家。在这些领域里,她同样耀人眼目。

但即便光芒如此,布吕尼却始终谦和,始终能清醒地找准自己的定位,这不仅让她的生活十分幸福,也让她在社交场合风度翩翩。

我第一次见到她是在迪奥的秀场上,当时因为现场有很多明星,所以媒体都挤成一团拍摄。我身边坐着一位年事已高的老先生,他是布吕尼的朋友。因为老先生起身不便,所以布吕尼走过来和他说话时,很自然地蹲下了身子。在这样一个媒体聚集的场合,还穿着高跟鞋,布吕尼能以这样一个谦逊的姿态去与人沟通,那一瞬间她在我心目中的形象特别高大。

两天后我对她进行了正式采访。在整个过程中，她完全没有因为自己的身份而颐指气使，而且还有个小细节引起了我的注意：她会时不时摸摸我的胳膊，拍一拍我的腿，就像很亲近的朋友一样。学过心理学的人都知道，这样的沟通方式会让另一方有一种被信任和拉近距离的感觉，当时我的确是在想：哇！她怎么一点儿架子都没有。

她说的很多话也让我印象深刻，并且了解到了她的内心。她之所以能如此谦和有礼，是因为并没有真的把自己当成什么腕儿。对于自己在娱乐圈的成绩，她低调地总结为"幸运"："我有个很幸运的人生，对我来说这都是我喜欢做的事情，所以做起来不会觉得困难。"当我问及长期以来外界舆论是否会对她的生活产生影响时，她回答没有影响，因为她很感谢生命，她觉得自己能获得这么多已经是件很幸福的事了，所以享受生活并继续努力做喜欢的事就好。

现在很多人都常常抱怨生活，这其实是自己的心态有问题，对于名或利或赞或誉看得太重，患得患失。其实生命本身并没有那么复杂，做你喜欢做的事，保持一颗平常心，剩下的一切都会水到渠成。

我问她在自己这么多标签里最喜欢哪一个，她很明确地告诉我，虽然当了二十多年模特，后来也曾出演过伍迪·艾伦的电影，但"自己真正的工作是写歌和唱歌""未来的职业就是音乐人，其他都只是

与前法国第一夫人、顶级模特、歌手Carla Bruni Sarkozy
（卡拉·布吕尼·萨科齐）

点缀"。她最开心的事也不是得过什么奖，或去过多少国家旅行，而是自己的音乐和歌声能给人带去幸福和感动。对于年轻的女孩们，她的建议是遵循自己的内心，"想做什么就去做什么，做得越多就会得到越多，尽可能地去尝试，你总会知道自己最喜欢什么"。

爱自己的前提是要有认识自己的能力，人一旦可以理性地看待自己，也就能理性地看待生活，喜悦和安宁也就会自然而来。

## 5 英国前第一夫人
## 切丽·布莱尔

## "独立意识"
## 是确立自我的前提

除了卡拉·布吕尼，欧洲的另一位"第一夫人"也给过我不小的震撼，她就是英国前首相夫人切丽·布莱尔。

在唐宁街 10 号之外，切丽的履历让很多男人都自愧不如：伦敦经济学院法律学优等生；二十二岁时成为大律师；在成为第一夫人的两年之前，就已经是英国最年轻的王室法律顾问；第一个拥有全职工作的首相夫人，2001 年更成为英国史上首位因忙于自己的事业而选择不陪同丈夫竞选的 First Lady。

这不是职场女金刚是什么！

在传统观念里，一位女性嫁个好老公，然后安心相夫教子就是很好的归宿，但是现在这个观念受到了很大的挑战。因为不论男人还是女人，"独立意识"都是明确自我定位的前提。

女性应该保持人格独立的姿态，而不是依附，而人格独立的很重要因素是经济独立。这不是说一定要有多巨大的财富才能够独立，但你的收入应该能够养活

与英国皇家法律顾问、英国前首相夫人Cherie Blair（切丽·布莱尔）一起参加布莱尔女性基金会印度项目

自己；不是说一定要坐拥百万，而是通过自己的努力可以获得相应的物质回报。女人的工作能力并不输于男人，为什么要把自己的经济依附在另一个人身上呢？那些到了四五十岁甚至五六十岁还非常潇洒的女人，往往都是因为在某一个领域里有自己的成就，经济上保持着独立性，这些因素加在一起，所以有了对自己生活的主动权。

当下已经不属于"嫁人等于买保险"的时代了，最大的保险就是投资自己。

我问切丽·布莱尔："您都成了第一夫人了，为什么还在工作？"

她严肃地回答："我不会改变我自己的生活，因为我很热爱自己的工作，我不会因为嫁了首相就只能当首相夫人。你要知道，我花了二十五年才有了当时的职业成果。那为什么仅仅因为我丈夫换了工作，我就要放弃呢？"

"你丈夫有没有说过别去工作，安心当第一夫人就好了？"

她半开玩笑地说："我觉得他不敢这么说，他一直都非常支持我的事业。"

她也确实做到了。据说她在当第一夫人期间，做过最牛的一件事情是帮尼泊尔的军方和英国政府打官司，而且还把官司打赢了。我听完后的感想是，人家第一夫人都在工作，我们还有什么理由不努力呢？

在离开唐宁街后，切丽依然坚定自己的信念。法律工作之外，她将自己定义为"为女性权利而战的十字军战士"。她成立了自己的基金会，其宗旨就是有关

047

女性经济独立的。"这样做会让我们人生中有'选择的资本',但世界上很多女性都没得选,因为有人替她们选,年轻时有父亲或丈夫,老了可能是儿子。但依靠别人会有风险,因此我们的目的就是帮助女性朋友们建立自信,学习新技能,过自己想要的生活。"

女人最大的自爱,就是可以对自己的生活负责,在生活中保持经济独立,就可以把腰杆挺得很硬。"从来就没有什么救世主",还是那句话:经济独立是人格独立的基础,而只有以这个为前提,才能在感情和事业中找准自己的位置。

切丽基金会在印度有"扶持女性"的项目,它并不像国内的天使投资或创业基金,而是从当地实际经济状况出发,帮助女性学习基本的工作技能,如挤牛奶等,通过"授人以渔"切实保证人生长久获益。

今年同切丽去考察这个慈善项目时,她还有一个小动作让我印象尤深:印度当地很热,阳光很强,每天都是四十多摄氏度的高温,我们都戴着墨镜出行。在普纳的一个小村庄里,我们钻进了一个由破旧大巴车改成的"缝纫机教室",里面有很多女性在跟着老师学习。这时有些女孩提出要和我们合影,切丽欣然同意,还拉着我坐在了她的旁边。而正当一个小姑娘即将按下快门之际,切丽忽然探身到我耳边悄悄地说:"Meme,如果这时候把墨镜摘下来,会不会更好一点儿呢?"

礼貌和礼仪体现在生活中方方面面,要自尊,更要敬人。这二者之间相辅相成:尊敬他人的前提是尊重自我,"自我意识"与"人格独立"是自尊的基础,而越是自敬自爱的人,也一定会更懂得关爱别人。她没有直接大声说出来,是对我的尊重;而建议我摘下墨镜,又体现了对于拍照者的尊重。切丽不仅帮助女性在经济上受益,也为身边的人在生活中竖立着榜样,这是物质和精神层面的双重教育,这让我对她更多了一分崇敬。

# 6  "当代设计界达·芬奇" 托马斯·赫斯维克

## 发自内心的"谦恭" 必将得到回报

我曾看过张艺谋的一个采访，他说当年为了拍《千里走单骑》，特意亲自去日本邀请高仓健加盟。他和高仓健聊完之后，高仓健把他送上车，车子开出好远之后，他回头看时，发现高仓健还在那里鞠躬。

这个故事给我的印象特别深。诚然日本人对于仪式感非常重视，但我也更愿意相信以高仓健在电影圈的地位，他没必要刻意去迎合谁。他能做到如此境界，完全是因为发自内心的对每个人的尊重，这是真正的大家风范。换个角度讲，或许正因为有了这种修为，他才在事业上获得了如此高的成就。

与被誉为"当代达·芬奇"的英国著名设计师Thomas Heatherwick（托马斯·赫斯维克）

任何一个领域里站在最顶端的人，他们的事业高度往往与人格高度成正比。

看过《谢谢你伦敦》的朋友一定会记得托马斯·赫斯维克，他是伦敦奥运会火炬塔和上海世博会英国馆的设计师，也是英国当代最有声望的建筑师之一。但他聊起工作的时候就好像一个刚入行的人，每一个细胞都充满了激情，并没有把自己当成大师而对别的东西评头论足。他说自己在未来还想做一架生态桥，把树栽在上面，这样既能保护环境，还能让树木和人一起成长。等到孩子长大后再看这些树时，就仿佛看见了自己曾经的岁月。

他说过一段让我感触很深的话：很多年前他看过一个电视节目，叫《世界上最烂的工作》。在墨西哥有一种清洁工，每天要到渔船上去做清洁，还要帮着刮鱼鳞。当主持人采访他们的时候，得到的回答出乎意料：我们很快乐。

托马斯说这让他有种感觉，世界上的工作没有贵贱之分，只要怀着热情去工作，就会把事情做好，也就会感到幸福。所以最重要的不是外人给了你多高的评价，而是踏踏实实把每天的事做好。

谦恭的人就像海绵，你倒多少东西他就能吸收多少。但如果你不是一个有这种品质的人，就会像一个碗，装满后很容易就溢出来了。

如今我们在生活中也能看到一些反面例子。我有个朋友是一家大公司的老板,可能平时耀武扬威惯了,所以到了国外时,也会保持着对待自己员工时的状态。有一次他在海外参加某个活动,想在活动场地里放一个他喜欢的摆件,但因为没有事先沟通,所以活动方不同意,他上去直接就和人家发飙了,这让当时在场的所有人都觉得非常尴尬。

谦逊与恭敬之心不是一天培养的,对我们普通人来说,"宽以待人""日省吾身"是必不可少的日修课。处处把自己放低一点儿,为他人多想一点儿,自己也就会慢慢地发生变化。

# 7 丘吉尔孙女
## 亨利埃塔·丘吉尔

# "为对方着想"是理想
# 人际关系的精髓

2015 年夏天，《谢谢你伦敦》在丘吉尔庄园拍摄时用到了航拍器，结果它不小心撞到了墙上。

在拍摄之前，丘吉尔的孙女再三强调，如果使用航拍器，必须离房子远一点儿，以防对建筑造成损坏。我说："请放心，我们的摄像师超级专业，绝对不会碰到，而且这个航拍器是塑料做的，绝对硬不过石头。"

但是人算不如天算，万万没想到的是在拍最后一个镜头时，航拍器还是撞到了墙上，瞬间粉碎，而且居然还把墙撞出了一个坑！

当时我都想找个地缝钻进去了，再三和她说对不起，但她的反应却出乎人意料：她并没有生气或责备，而是帮着大家一起找航拍器散落的镜头和零件。面对致歉，她也表示没关系，还说希望没耽误拍摄进程，我当时真是感动得热泪盈眶。

因为内心实在过意不去，第二天我又写了一封邮件，再次正式表达歉意。她也给我回了一封邮件："你的工作人员其实非常专业，感谢你们把这里拍得这么美，请不要再为这样的小事苦恼了，因为这并没有对我们造成很大的影响。而且你们大老远地飞来英国拍摄，我非常感谢。"真的，看完这封邮件后我脱口而出第一句话就是："Oh my god！"有教养的家族果然不一样，不光没有让我们觉得难堪，甚至还反过来替我们着想。

她的礼貌和包容让我至今都受益匪浅：礼仪的本质是换位思考，是同理心。

说到这儿我还想起戴高乐将军的两个小故事。

戴高乐在任期间，曾接待一位来自非洲的贵宾。法国人对餐桌礼仪非常讲究，但这位非洲客人不太懂这些复杂的程序，宴会时，直接就把面前茶盅里用来洗手的水当成饮用水给喝了。但他马上就感受到旁边侍应生异样的眼光，立刻就知道自己做错了事，十分尴尬。结果就在这时，戴高乐马上也拿起了自己面前的洗手盅，一仰头也把里面的水喝了，然后说："真是太美味了。"

在巴黎采访戴高乐将军之孙伊弗斯·戴高乐先生时，我问他是否确有其事，他说这是真的，然后他又讲了另一个故事：

"二战"后，戴高乐会经常出访一些刚刚独立的非洲国家。有一次在某国的独立庆典上，戴高乐和另一国家的元首共同抵达。接待国先奏《马赛曲》，大家起立，待国歌结束后才坐下。按照流程，之后要奏响的是接待国国歌，他们的

与英国前首相温斯顿·丘吉尔的孙女 Lady Henrietta Spencer-Churchill（亨利埃塔·斯宾塞-丘吉尔）

国歌刚响起时间不长就突然停了，和戴高乐同来的另一国家元首就坐了下来，但这时国歌马上又重新响起，然后时间不长就又停了。

原来，接待国国歌是分为五段演奏的，而那位国家元首不明就里，就反反复复起立和坐下了五次，这让接待国元首都有些不好意思了。而戴高乐看出了这一点，为了不让接待国尴尬，他就始终站在那里，一动不动，直至五段全部结束，在程序和心理层面都展现了对接待国的最大尊重。

礼仪的更大价值，在于人与人接触时的分寸感和尊重感。礼仪的最终目的不是教会你某些规矩后，让你拿来约束别人，逢人便说"你不可以这样""他不应该那样"，而是在学会这些规矩后，知道如何正确地使用，如何给予别人尊重，让身边的人觉得跟你在一起是舒服的，是幸福的。

每个人都有尊严，也应让别人都保持自己的尊严，这是一个推己及人的过程。礼仪不是一种抬高自己贬低别人的工具，而是一种要促进人人平等，然后帮助大家共同进步的知识。规矩是多变的，但自尊和尊重是永恒的。

礼是修为，亦是长期的修行。做事之前先有礼仪意识，然后再付诸行动，点点滴滴，日积月累，就必定会有收获。

# 8 "朋克教母"
薇薇安·韦斯特伍德&
法国前总理
让-皮埃尔·拉法兰

## 真正"了解对方"，
才会有深入交流

"西太后"薇薇安·韦斯特伍德称得上是文化界的弄潮儿。作为时尚教母级的大咖，在旁人眼里，她始终是朋克、先锋、无政府主义等关键词的代表。但实际接触后你会发现，"西太后"在现实生活中其实并不像所谓的"摇滚范儿"那么叛逆和躁动。舞台之下，她更像是一个公共知识分子和社会观察家。她关心人口、环境、发展不平衡等世界性问题，思想维度远远超出了娱乐人物的范畴。

在采访中，"西太后"说自己认认真真地读过《红楼梦》，她深深地被书中的情节与人物所吸引，中国文化也触发了她的不少设计灵感。她对中国的了解，无形中拉近了我们之间的距离，也加深了我们彼此间的了解。

2003年"非典"时期，时任法国总理的让-皮埃尔·拉法兰不被媒体上关于疾病的各种传言所惑，亲自来到中国，成为当时第一位访华的西方大国领导人，

极大地促进了两国关系，消除了国际上对于中国的误解，让世界更进一步地认识了中国。这一举动正是源自拉法兰本人对于中国的足够了解，他自己就是"中国通"。关于文化交流，拉法兰在《谢谢你巴黎》中接受我的采访时谈道："中法两国是尊重文化及相互理解的国家。文化，就是相互交谈并懂得对方的意思，它是和平的桥梁。"

如果从社交角度来看这两则故事，它们说明如果想真正了解对方并产生共鸣，就必须要先深入地"读人"，这是沟通的前提。如果你连对方的基本背景都一知半解，又怎么可能进行对话，进而产生更深层次的交流呢？

在社交网络异常发达的今天，人们几乎是生活在一个信息大爆炸的环境里。但"乱花渐欲迷人眼"，看到的越多，困惑也就越多，是非混淆，真真假假，难以辨别。在当下如何真正深入地了解一个人或一件事，是一个很大的命题。小到人与人之间，大到国家与国家之间、文明与文明之间，许多误解与冲突的根本，其实不是理念的不同，而是彼此之间的不了解。如果想在沟通中消除这种芥蒂与摩擦，就应该是先对对方进行深入了解，然后再做判断。

与时尚界的"朋克之母"、人称"西太后"的英国时尚设计师
Dame Vivienne Westwood（薇薇安·韦斯特伍德）

我想分享
礼仪法则

分享什么样的
法则

贰
/
我想
礼

贰
／
我想分享什么样的
礼仪法则

# 第一章
/
餐桌礼仪

"会吃饭"
是内在修为

# 1 规矩就是
# 家长的唠叨

很多人对"礼仪"有概念，其实是从吃饭开始的。就像开头提到的，大家在很小的时候，长辈就会告诉你在正式场合吃饭时手应该怎么放，筷子应该怎么摆，碗应该怎么端，甚至是怎么咀嚼都有讲究。"民以食为天"，你可以不做很多事情，但是总不能不吃饭吧？所以餐桌礼仪是礼仪的基础，我们小时候听妈妈唠叨的那些规矩，其实就是礼仪教育的启蒙课程。

对于刀叉的使用，我印象很深的是刚进入社会时，有一次参加某个朋友的饭局，那个酒店的档次非常高，吃的也是很正统的西餐。我身边坐了一个七八岁的小女孩，梳着小麻花辫，非常非常可爱。当饭菜上桌之后，她直接就拿起离自己手边最近的一把叉子去戳食物，但这时她的妈妈告诉她，刀叉是不能这么随意使用的，如果桌上有两套刀叉，要"由外向里"依次使用，因为它们的功能不一样。后来我才知道，我身边的这个小姑娘来自国内一个大家族，这也就难怪人家从小就这么重视日常礼仪的教育了，良好的家教都是通过这些小事体现的。

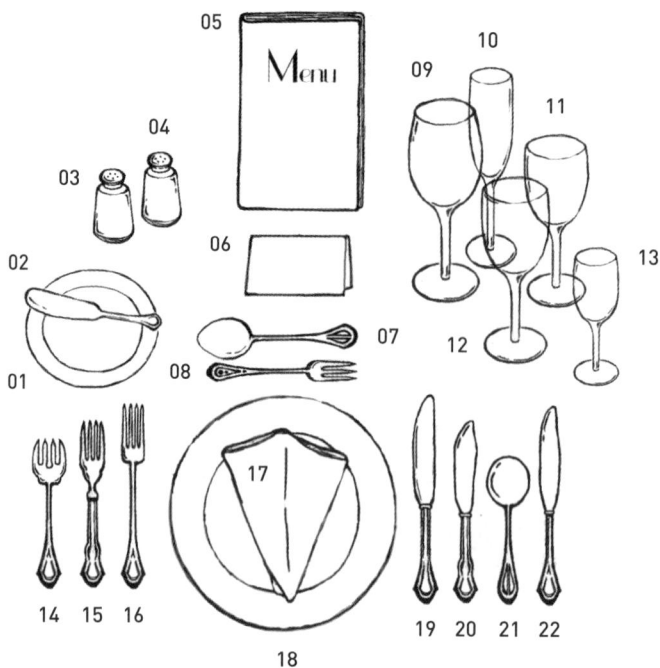

**认识这些餐具**

**05.** 菜单

**06.** 席位卡

**01.** 黄油面包碟

**02.** 奶油刮刀

**03.** 自助盐瓶

**04.** 自助胡椒粉瓶

**07.** 甜品勺

**08.** 甜品叉

**09.** 水杯

**10.** 香槟杯

**11.** 白葡萄酒杯

**12.** 红葡萄酒杯

**13.** 大酒杯

**14.** 沙拉用叉

**15.** 吃鱼用叉

**16.** 正餐用叉

**17.** 餐布

**18.** 餐盘

**19.** 正餐用刀

**20.** 吃鱼用刀

**21.** 汤勺

**22.** 沙拉用刀

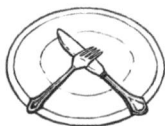

01

02

03

**无声服务语言**

**01.** 未吃完时刀叉摆放方式；**02.** 已结束用餐时刀叉摆放方式（英式）

**03.** 已结束用餐时刀叉摆放方式（欧洲大陆式）

后来我也去过一些其他国家，发现在这方面外国和中国有很多相似之处。也许我们会认为中国是饮食大国，其他国家的饮食品类不如我们丰富，但是对于"吃饭"这个概念，各国的理念都不仅仅是填饱肚子那么简单，尤其是"宴会"二字，都具有很强的社交性质与文化象征意义，各国普遍对餐桌礼仪都很重视。

有一年我去纽约联系承礼学院课程的事，听朋友说过这样一个细节：洛克菲勒家族的某个夫人，从小时候会自己吃饭起，就开始学习餐桌礼仪。这位夫人后来说，其实家里的每一个人都学习过这些知识，如果想嫁得好，礼仪上真的不能有任何的疏忽，这几乎决定了女人的教养和魅力。

为什么当初要制订这些礼仪呢？

礼仪曾经是一种区别身份的方法。以前欧洲的贵族们都特别"事儿"和"爱显摆"，在那个物资缺乏的年代，大家吃的都差不多，怎么让人能一眼认出自己和普通百姓之间的区别呢？难道一上来就告诉人家"我是贵族"吗？当然不行，只有从举止上来加以区别才是最好的做法。所以当时的贵族们就制订了很多规矩，包括怎么拿茶杯，怎么倒茶倒奶等方方面面，让人通过动作的细节一眼就可以判定你是普通人还是贵族。

当然在当代，礼仪的意义就不同了，并不是我会使用刀叉就高人一等，但如今我们与国际社会打交道的机会越来越多，吃西餐的场合也越来越多，如果可以掌握这些知识，不仅能让我们吃得更"专业"，也能让外国朋友感觉：哇，原来你很懂我们国家的习俗。

"礼仪修养越好，给别人的第一印象就代表你所受的教育程度及涵养越高"，这句话大家都可以理解，我们也只有多知道一些这方面的知识，才能在社交场合做到"知己知彼，百战不殆"。所以你知道多掌握一点儿餐桌礼仪有多重要了吧？

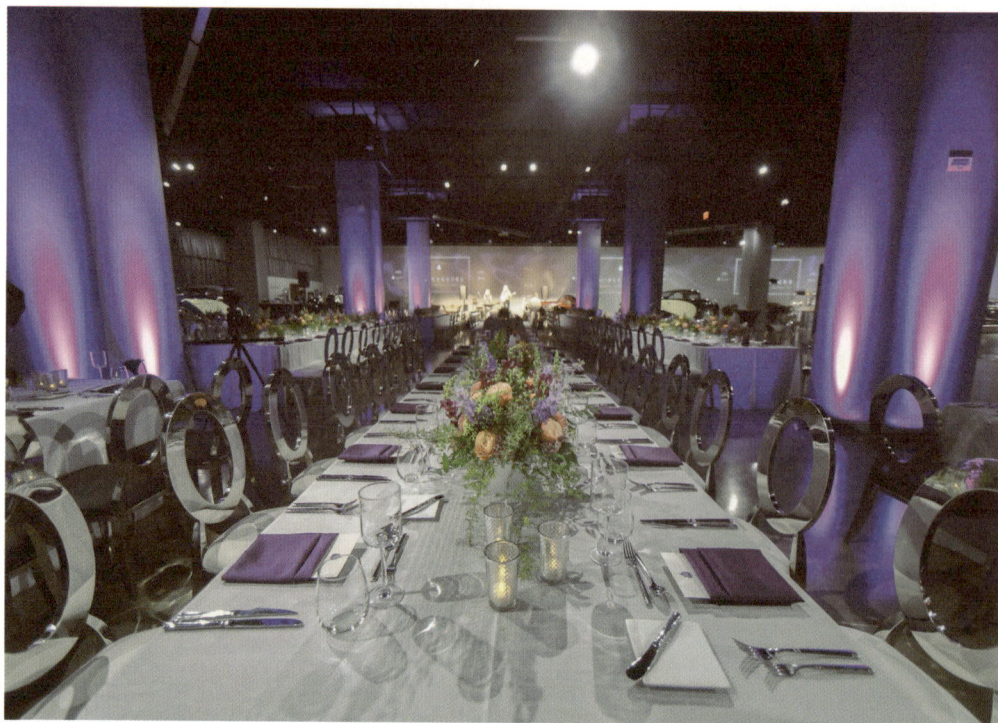

彼特森汽车博物馆（Petersen Automotive Museum）承礼学院洛杉矶结业晚宴场地

**餐具的摆放**

世界上高级的西式宴会摆台是基本统一的。

共同原则是：

-

垫盘居中，叉左刀右，刀尖向上，刀口向内。

-

盘前横匙，主食靠左，餐具靠右，其余用具酌情摆放。

餐巾放在盘子里，如果在宾客尚未落座前需要往盘子里放些物品，餐巾就放在盘子旁边。

-

盘子右边摆刀、汤匙，左边摆叉子。

-

玻璃杯摆右上角，最大的是装水用的高脚杯，次大的是红葡萄酒所用的，而细长的玻璃杯是盛白葡萄酒所用，视情况也会摆上盛香槟或雪莉酒所用的玻璃杯。

-

面包盘和奶油刀置于左手边，主菜盘对面则放饮咖啡或吃点心用的小汤匙和刀叉。

# 认识刀叉，
# 等于掌握一门"外语"

餐具是一个文化中餐桌礼仪最基本的构成，西方国家普遍使用刀叉，而且一个桌子上经常会摆放很多套刀叉，只有先学会怎么使用它们，才能学会"吃饭"。先来一个简单的问题：为什么是右手拿刀，左手拿叉？

原因很简单，一种普遍的说法：大部分人都用右手写字，刀是相对锋利的"武器"，所以这么有威胁的东西，一定要用更熟练的手去使用。

使用刀叉时还要注意手腕不要张开太大，应该感觉像自己腋窝夹了一本书，不管再怎么使劲都不能让那本书掉下来，而且使用刀叉时不要叮叮当当地发出太大声音，你又不是《爆裂鼓手》的男主角，千万别把餐桌当成自己表演的舞台。

餐具自己是会说话的。如果在就餐时服务员把所有的餐具都摆放好了，那么你应该先用最外侧的餐具，每道菜吃完后应该把刀叉斜放于餐盘内，等待服务员收走。有的宴会中，服务员也会在上每道菜前帮你把这道菜需要使用的刀叉摆好，这时你只需正常使用即可。

## 认识这些餐具

刀、叉、勺是西餐的"三大件"。
辨识餐刀、餐叉、餐勺是非常重要的
事情:

### 餐刀

如果有三种不同规格的刀同时出现,
正确的用法是:带小小锯齿的那一把
用来切肉制食品;中等大小的用来
将大片的蔬菜切成小片;小巧的,
刀尖是圆头的,顶部有些上翘的小刀,
则是用来切开小面包,然后用它挑些
果酱、奶油涂在面包上面的。

### 餐叉

通常根据大小和位置来分辨叉子的
功能。一般来说,大叉子用来吃主食,
小叉子吃甜品或者果盘。

### 餐勺

正式场合中勺有多种:小的用于
咖啡和甜点心;扁平的用于涂黄油和
分食蛋糕;比较大的,用来喝汤或
盛碎小食物;最大的是公用于分食
汤的,常见于自助餐。

欧洲大部分国家和英国在餐桌礼仪上会有一些区别。比如，英式的做法是把三副刀叉依次摆好，每上一道菜时，你都要从外边的那副开始使用。但在意大利就不同了，他们是上一道菜的同时上一套餐具。我问过一个意大利的礼仪老师为什么会有这样的区别，他的解释是：英国人太懒了，所以就三副餐具提前都给你摆好了（此处我是黑线脸），而在意大利每上一道菜就摆一副餐具，这样才不会让客人因为不知道怎么用而犯难——连餐具都这么讲究，不愧是美食王国呀！

还有一点不同的是，在英国吃完饭以后，刀叉要并排放在餐盘上"6：30"的位置，而意大利和法国却是摆在"5：20"的位置。这位老师也有一个有趣的解释：因为英国和欧洲大陆之间有一个小时的时差，所以摆放位置也会差一个小时。

最后，还要记住的一点是叉子需要背面朝上放置。如果你没有吃完，就把刀叉分开放在盘子上，那么侍应生就会明白你还要继续用餐，而一旦把刀叉并拢放在一起，那就表示你吃完了，侍应生就会过来把餐盘收走。

**使用这些餐具语言**

**01**

**我尚未用完餐**

盘子没空，如你还想继续用餐，把刀叉分开放（八字摆放，但刀叉并不交叉），那么服务员就不会把你的盘收走。

-

**02**

**我已经用完餐**

将刀叉平行纵向放在餐盘的同一侧。这时即便你盘里还有东西，服务员也会明白你已经用完餐了，会在适当时候把盘子收走。汤勺横放在汤盘内，匙心向上，也表示用汤餐具可以拿走。

-

**03**

**请再给我添加饭菜**

盘子已空，但你还想用餐，把刀叉分开放，大约呈八字形，那么服务员会再给你添加饭菜（此条只有在准许添加饭菜的宴会上或在食用有可能添加的那道菜时才适用）。

-

**04**

**对此次用餐非常满意**

将刀叉平行横放在餐盘上，深深点了个赞。

-

**05**

**对此次用餐不满意**

将刀叉八字交叉放在餐盘上。

# 3 意面好吃，
先学会卷

在美国读书时发生过一件让我印象挺深的事：

那天我们正在吃饭，同桌的朋友们恰好说到一个非常有趣的话题，于是我就边嚼东西边跟大家一起聊。其中有一个朋友跟我很熟，他事后直接警告我："下次请把嘴里的东西吃完再说话！"因此我记住了这个很重要的教训，边吃东西边说话不仅声音不好听，还很有可能不小心"喷饭"，这是一个多么恶心的现场直播啊！

还有一年在英国的一个晚宴上，我的左右两边都坐着很尊贵的客人。当时正好大家开始吃面包，我就把它掰了一下，拿起一块放到嘴里。但我马上就发现这是个大错误，因为它硬到根本嚼不动。而更糟糕的是，就在这个节骨眼上我旁边的先生居然开始说话！然后我就想到了在美国犯的"边吃边说"的错误，心想"自己掰的面包就是跪着也要吃完"，否则"打死我也不说话"。但是这个面包的硬度实在是超出了我的咬合强度，但当着这么多人的面吐出来又不可能，咽下去更不可能。那一刹那我真是"脸红脖子粗"，一是憋的，二是尴尬，完全不知道该怎么办。对于这种情况，礼仪老师给了我一个标准答案：

在正式场合，不论是吃面包，吃肉，还是吃任何东西，一定要先把食物切成很小很小的块儿，这样即便有人跟你说话，你嚼两口也可以把食物咽下去。

餐桌上还有一项需要注意的是喝汤。因为汤往往会有点儿烫，光用眼睛看不出到底温度有多高，所以喝的时候有一个细节要注意，就是要用勺子从你的内侧往外去盛，尽量靠近边缘，因为相对来说边上的温度会低一点儿。而且最好是先盛汤上面薄薄的那一层，因为它的温度较低，可以避免烫到舌头之类的状况发生。

对于甜品来说，其实没有特别的讲究，根据甜品的种类可能需要使用勺子或刀叉，你只要根据自己喜欢的方式吃就好，但是记得每次不要太大口，避免碎渣儿沾在嘴唇上或洒落在桌上。

东西方都有悠久的酒文化历史。但要是你不喝酒，那么在侍应生来倒酒的时候跟他说不需要就行了。还有一种方法是把酒杯倒过来放在桌上，只留下装水的杯子正常放置即可，这样侍者就会知道你是不喝酒的。

要是喝酒的话，侍应生会先给你倒一点儿尝尝。喝之前你可以拿酒杯先晃动几下，然后再拿起来喝。盛白葡萄酒及香槟的酒杯为高脚杯，喝时拿住杯脚下面

**中场离席时**
**餐巾应该怎么叠**

-
**正确的**
用手抓住中间，然后将旁边向下捋顺。还有一种叠法是将餐巾对折几下变成三角形即可。需要临时离开餐桌的，将餐巾放于椅子上。如果椅子是装有软垫的，则将餐巾沾有污渍的一面朝上放置。用餐结束，将餐巾沾有污渍的一面隐藏起来，随意叠放好，放置于餐盘左侧。

-
**错误的**
皱巴巴地随意一抓，然后放在餐桌上，因为这代表着你不会再回到位置上。

的部分，不要碰到杯身。因为白葡萄酒和香槟喝时通常是要冰冻的，而手的温度会使它温热起来，影响口感。盛红酒的酒杯杯脚较短，杯身肥大，可以用食指和中指夹住杯脚，喝时拿近杯身，手的温度有助于红酒释放香味。在敬酒与人碰杯时，自己的杯身比对方略低，表示对对方的尊重。

最后要说的是关于离席的问题。

在用餐过程中，原则上能不离席就尽量不要离席，尤其是在一道菜还没有吃完的时候。要尽量在吃饭以前去化妆间，如果你的电话特别多，千万不要在桌上接，而要起身离席，并且跟左右两边的人打招呼说"不好意思，我要去办点儿事情，打扰了"，然后再离开。之后要将餐巾放在椅子上，这个信号是告诉服务员你还要回来，如果放在桌子上就表示你不回来了。

还有很多女生需要补妆，这就需要随身带一面小镜子。如果没有随身带小镜子，吃完饭时要说："对不起，我要去趟化妆间。"随时随地注意自己的外貌不光是让自己保持优雅的好办法，也是一种很好的礼仪习惯。

**敬酒有学问**

-
敬酒姿势视情况而定：如果在餐前敬酒应尽量起身敬酒，若用餐时敬酒，可以坐着；向领导或长辈敬酒时，需要站起来敬酒。

-
在正式宴会上，宴会开始前主人一般会主动向宾客敬酒表示欢迎，宾客则应该在主菜吃完享用甜点时回敬。如果是非正式场合，宾客或主人随时可敬酒。

-
碰杯时动作要轻，要用杯肚的地方碰杯，因为杯口是酒杯最脆弱的地方之一，太用力或位置不对，会发生酒杯破损与酒液溅出的窘况。碰杯时目光要注视对方，法国有种说法：如果不与对方直视，接下来的七年都不会有好运气。

-
碰完杯，要喝一小口酒，展现有礼的风范，一饮而尽反而会被认为不懂欣赏葡萄酒。

**如何吃意面**

-

用叉子缠绕着面条的时候，不要用餐匙协助，只可用叉子，借助碗或盘内壁将意面绕在叉子上，缠好之后要一口将面条吃进嘴里。在意大利人看来，餐匙一般是给孩子、外行人以及不懂餐桌礼仪的人用的。

-

吃面的时候不可以用刀或叉子把面条切断来吃，这会被视为幼稚的表现。

-

在吃面的过程中，不要发出嚼面的声音。

-

面包不应与意面同食，这在意大利是大忌。

# 4 自古土豪多任性，
## 关于"茶"和"奶"的
## 一段小史

英国维多利亚时代的公元 1840 年，每当午饭之后，高贵的英国夫人们总是容易打瞌睡，而正式的晚饭又常常在晚上八点，所以一位名叫安娜·玛利亚·拉塞尔的公爵夫人就利用下午三四点钟这个时间找个机会喝点儿茶吃点儿面包，让自己精神一下。后来她觉得这种感觉很好，便邀请友人来共享。再后来，她又把面包换成了蛋糕和三明治。久而久之，这种习惯成为一种习俗，也就是 Tea Time。

下午茶文化如今在国内越来越流行，尤其是对于很多大城市的白领阶层，利用下午的时间与朋友小聚一下，或是进行一些简单的商务社交，既能充分利用好午后这段办公效率较低的时段，又能拉近朋友和同事间的关系。

至于品茶时到底是先倒奶还是先倒茶，其顺序也有说法。

起初，贵族是先倒茶再倒奶，而平民一般是先倒奶再倒茶。因为最早英国的茶叶都是从中国进口的，运输成本高昂，所以茶是奢侈品，比牛奶值钱多了。但后来因为关税降低，茶叶的成本也就降下来了，普通老百姓也都可以喝得到。另一个原因是泡茶的水很烫，盛茶的瓷器如果比较便宜的话容易裂，所以普通

人会先放奶再兑茶。但贵族的茶杯质量很好，先加茶也无所谓，正所谓"自古土豪多任性"。

这些典故是我后来找好几个老师请教才问到的答案。而从个人习惯上，我会选择先放茶再兑奶，因为如果你倒的茶很浓，就可以多加一点儿奶。如果茶很稀，就少加点儿奶，自我调整的空间比较大。这跟蒸饭时"水多加米，米多加水"其实是一个原理。

在我看来穿什么衣服喝下午茶也非常重要，尤其是对于女生来说。如果是和朋友去咖啡馆喝下午茶，那么可以穿得轻松一点儿，舒服一点儿。但如果去半岛酒店之类的地方，就要稍稍穿得美一些啦，这样自己的气质才会和那个环境相配，喝得才能更自信。

**品用下午茶**

**01**
一般的英式下午茶会呈上三层的点心盘，最上面放蛋糕，中间层放司康，最下面放手指三明治。标准的吃法从最下面一层开始吃。

-

**02**
虽然是"手指三明治"，但也不要真的用手去拿，而要用小夹子夹到盘中，切成小块，再用叉子送入口中。

**03**
坐在位子上喝茶时，只需要将杯子拿起来即可，而要是你站着喝茶，则需要一手拿着杯子，一手拿着碟子。

-

**04**
用手指捏起茶杯的耳朵，不要太用力，也别将手指穿过去。

-

**05**
不能把勺子喂到嘴里来，因为这个勺子只是用来搅拌的。

**06**
把牛奶、糖以及茶混合后，再用勺子开始搅拌，要从六点钟方向往十二点钟方向顺时针转动。

-

**07**
搅拌的时候不要让勺子碰到杯子而发出"咣当"的声音，搅拌三四下即可。

-

**08**
搅拌完之后则需要把汤匙放置在碟子中再开始饮茶，而不是把它留在杯子里。

"衣食相宜"其实很重要,就像夏天的夜晚你去街边撸串时,总不能穿着西服打着领带吧?

在传统欧洲,上流社会的人会早饭时穿一套衣服,上班时穿一套衣服,中午换一套,下午茶换一套,晚饭再换一套,总之就是一天要换很多套衣服,不同的场合都要换衣服,这点看过《唐顿庄园》的朋友们会有所感受。对于咱们普通人来说虽然不用这么讲究,但时时想着衣着的概念也是很重要的,因为礼仪其实是一套完整的系统,每个环节都不是独立存在的。

最后要补充的一点:正式的英国下午茶就是大家闲谈聊天,而随着科技的发展,现在拍照也是聚会的一个重要组成部分。如今没有规矩说不可以在喝下午茶时自拍,但是如果要和别人一起拍照,或者你的照片里有同行的人露脸,那么需要先问一下对方是否同意,这是最起码的尊重。

而且如果对方同意的话,除了给自己修图,也要记得把对方修得美美的。

**afternoon tea、low tea 和high tea的区别**

-

在英式下午茶里常有high tea(高茶)和low tea(低茶)之说,还有人会误把英式下午茶(afternoon tea)叫作high tea。但其实low tea才是传统下午茶。

-

afternoon tea = low tea,因为使用的是矮脚桌(low table);如果再增加一杯香槟,则称为royal tea(皇家茶)。

hight tea = 晚餐(普通人或劳工阶层吃的),因为使用普通餐桌(high table)。

-

high tea的食物与下午茶也有区别,主要包含熏火腿、鸡蛋熏肉馅饼、楔形奶酪、炒蛋等。

# 5 别惯着
## 自己的胃

说了这么多餐桌礼仪方面的事，最后说说我的美食记忆吧。如果大家有机会去这些地方的话，也可以把它看作一个山寨版"米其林指南"。

在法国，盛大的晚宴一般是上三道菜，前菜往往是沙拉或者鹅肝，第二道是主菜，鱼肉、牛肉或羊肉，第三道是甜品。而意大利的晚宴则是上四道，第一道菜是前菜拼盘，通常包括蔬菜、起司、咸肉、手工面包等，第二道是意大利面，第三道是主菜，第四道是甜品，有的时候，甜品前还会加一个起司。在意大利吃饭一定要记得每一道都少吃点儿，因为意大利好吃的实在是太多了！可能你才吃到第二道菜你就已经饱了，这样就错过了后面的美味。但如果你确实早早就"缴枪"了，那么最好能提前和服务生说一下不准备吃后面的菜了，以免端上来后白白浪费。

我特别喜欢意大利菜，因为它和中国美食一样，包含的品类非常丰富，让你眼花缭乱，你随便走到任意一个城市都可能"转角遇到爱"，小吃都好吃得不得了，不信你看一道简单的意面都能做出那么多花样，其他的食材就更不用说了。我特别喜爱的是火腿拌哈密瓜，肉味的醇厚和瓜果的清香丝丝入扣，回味无穷。西班牙菜也很美味，我觉得它和意大利的口味比较接近。我曾去过西班

牙的一个小岛，那里的特色菜是各种西红柿及豆角，红绿搭配，吃着不累。

说到这儿有一点要特别提倡，就是你旅行时最好要多吃当地的菜。这点我在《习惯就好》里也写过，王先生曾提到：很多时候中国人无法融入当地社会，一个重要的原因是我们"惯着自己的胃"，中国人不愿迁就别人的饮食，因为中餐实在是太好吃了，但人家的多数社交都是在餐桌上完成的，所以我们就离别人的圈子很远。记得洛克菲勒家族中的家训有一条：去各地旅游就吃当地菜。这么有名的家族还强调这个，没想到吧。

所以正确的做法是：你到了泰国，就要喝冬阴功汤；到了英国，就要吃炸鱼薯条；到了土耳其，就要吃"可巴巴"……这样才能最大限度地了解当地文化，因为还是那句话："民以食为天"，通过吃当地的菜才能更真实地了解每个地方的人。这就像一个外国人去了重庆如果不吃火锅小面而吃麦当劳，他怎么能知道重庆人的性格为什么会这么火辣呢？而且吃当地的饭也是很环保的一种做法，因为是就地取材，缩短了运输环节，也就等于减少了碳排放。

如果去纽约的话，那里有我最熟悉的美国美食，其中最经典的就是 hot dog。不论你走在中央公园还是第五大道上，都会闻到街边烤热狗的"煳味儿"。不论你是不是肉食爱好者，我都建议你尝试一下，因为美国当地的朋友告诉我，了解美国文化很重要的一步就是吃热狗。

纽约也有其他很多好吃的，我最喜欢的就是酸奶早餐。前一阵子我回纽约待了一个星期，在零下十六七摄氏度的情况下，我也依然坚持每天早上走路去我喜欢的那家吃。高档一点儿的选择有四季餐厅，我喜欢它的装修，天花板的挑高足够，空间感非常好，中间还有一个喷泉，在那儿吃饭真的会觉得视野开阔，心情也好了起来。中央公园附近的文华东方酒店也不错，可以边吃边俯瞰整个中央公园，要是有机会去纽约的话不要错过。

曾经在一个活动现场，我遇见过两个女孩，都是我的朋友介绍来的。那天她们都希望能跟现场的嘉宾交流一下，我觉得这很正常，而且是朋友的朋友，我也愿意提供这样的机会。但当时活动现场没有空余的座位了，我就跟她们说："不如这样，活动大概九点半结束，大家不会立刻走，还会喝喝东西聊聊天，你们那时再上来比较好。"两个女孩也都答应了。

其中一个女孩很听话，直到九点才重新出现，但另一个女孩很早就来了，而且一直留在现场。她在七点左右的时候看见有一个空位，就直接坐下了。到了七点半，那个位子的客人到了，我只好过去请那个女孩把位子让出来，她这才起身离开，而且还挺不情愿的。

但更雷的事还在后面。因为晚宴四周是有纱帷遮挡的，她就时不时地从后面探头出来看。有时我们正在这边说着话，突然那边就冒出来半个脑袋，或者露出一个肩膀，把人吓一大跳。

**我想说的是：年轻人在社会上确实需要机会和平台，但是千万要把握好尺寸和风度。积极进取和急功近利是两回事：积极进取是给别人给你机**

# 致/
# 每一个初入
# 社会的你

亲爱的朋友：

当你打开这封信的时候，假如我们现在面对面地交流，我就坐在你面前，请让我用最真实的方式，与你坦诚相见。

你好！

在现实生活中，我曾遇到过一些人，他们因为不懂礼仪而让别人感到不舒服，但到了最后，吃亏的还是这些"失礼的人"自己。

会,你努力把事情做好,这是应该的;急功近利则是这个东西可能并不属于你,但你还不停地去要,这就很可能破坏游戏规则,让身边的人产生反感的情绪。礼仪是一套程序,然后在这个框架内再升华,所以让他们走到哪儿都是受欢迎的。

不管是"80后""90后"还是"00后",都应该注意这些问题。我自己就是一个普通家庭出身的人,但我知道很如你待人接物有教养,对别人彬彬有礼,就会让人感觉你有很好的家教。这就是为什么跟长辈通电话时一定要用"您",和长辈一起吃饭时要给他们让座,因为这都是规矩。在日本,如果你是刚进公司的新人,有时还需要帮前辈擦桌子,我觉得这是必要的,因为这是一种"礼"和"传承"。也只有从小就懂得尊重长辈,尊重别人,等你成为长辈时,才能理解和照顾晚辈,二者是相辅相成的,礼仪的本质其实就是同理心。

当然,我也见过一些很奇怪的礼仪老师。比如有一位,她跟我约在很简陋的酒店见面,衣服穿得很不得体,发型也乱七八糟的,当时真的有点儿把我吓着了。她是一位六十岁左右的女人,拎着一个挺得很大的包,好像刚从农贸市场回来。如果当时是在周末,或者是我跟你非常熟悉的情况下,这个形象倒是无所谓,但当时我是你的客户,并且是第一次见面,你都不知道穿戴整齐,那我怎么能相信你会是一个很好的礼仪老师呢?同理,如果你都不尊重自己,那我又怎么能尊重你呢?

**先让自己变好,这是礼仪的基本,也是获得尊重的第一步。**

以上都是督促我好好学习礼仪的动力,为此我也查阅了很多资料和书籍。而后来我认真的做了承礼学院时,就四处"名正言顺"地去向各种专业礼仪老师请教了。因为这时的我已不单是在帮助自己,也是在帮助我的公司,我的朋友,以及想要进修礼仪的学员们。

和你一同前进的
Meme T

085

# 第二章
## /
## 着装礼仪

## "会穿衣"
## 是外在品位

凡尔赛宫（Chateau de Versailles）
承礼学院巴黎结业晚宴

# 着装原则:

# 巴黎女人,
# 我的时尚启蒙老师

我在衣着搭配方面真正开窍是在巴黎。

来到巴黎之前,我穿衣服没有固定的风格,每到一个地方就会受当地的影响,买当地流行的衣服。比如,去日本玩,我的风格就会比较偏日系,下一次去美国,可能又会走加州风。但到了法国后我发现巴黎人有一个特点:他们的衣服看起来都很简单,很少有复杂的图案或花哨的颜色,但会搭配很多配饰,比如戒指和项链。有时可能就是一件很普通的大袍子,搭配一个很有艺术感的项链,就能让整件衣服看起来都很有立体感。我觉得这种搭配方式蛮适合我,看着简单随性,但其实是精心搭配过的。现在我越来越喜欢这种朴素的感觉,或许是因为名字里有个"朴"字吧,所以身上穿的常见色就是:灰、棕、黑。

我曾经跟意大利使馆的人吃过一次饭,其中有一个官员很会穿衣服:外面是修身西服,里面是一件蓝色条纹衬衫,貌似普通,但仔细看会发现衣服的腰线部位有一个小小的红心图案,也就是一毛钱硬币的大小,像是绣上去的,十分精致讨巧。这种感觉很好,整体很低调,但是细节处常常会发现惊喜,就像眼睛挖到了宝藏一样。

《永恒经典:奥黛丽·赫本》展

## 为什么第一印象如此重要?

在见面的最初30秒内,我们就会
形成对他人的看法,其中:

**55%**
来自对方的穿着

-

**38%**
来自对方的表达、肢体和语调

-

**7%**
来自对方说话的内容

衣食住行，衣是首位。行为举止代表着一个人的内在修养，衣服则体现出外在品位。两个人见面时大多最先注意的是对方的外表和衣服，然后才开始说话，所以良好的衣品是给人留下第一印象的重要因素。随着时尚的领域不断发展，人们对于服饰的选择越多，难度也就越大，办公室、居家、宴会，在不同的场合如何选择合适的搭配，是一项技术，也是一门学问。

每个人一定都有过品位不是那么好的时候，会因此而交上一大笔学费。在十七八岁的时候，我就特别喜欢能展露身材的衣服，比如短裙、短裤、露肩的衣服。当时就觉得这是一种时尚，能显得自己很年轻。但是现在想想，其实那么穿有时真的会给别人造成误会。

当然，我并不是鼓励你不管去哪儿都穿得毫无个性，一味地低调或者与别人没差异。在"有个性"和"发力过猛"之间的度，就是你的审美。服装是一种美学，你对美的理解是什么，你对服饰的选择就是什么。

"会穿衣"并不是指当你五十岁时，衣服能让你看起来像二十岁，那种感觉会像看塑料花一样，有些假。衣服需要能表现出最属于你的年龄和气质的美，这才是最好的。我在日本曾接触过一个形象顾问，她的年龄在五十岁上下，体态和神态都非常优雅，就是那种和她实际年龄非常"合拍"的气质。她总能在不同的场合里穿最合适的衣服：如果这是场很正式的宴会，她会穿得让你感觉得体、高贵、大方，而在休闲的 party 上，她又会让你觉得很休闲很放松，而且不浮夸。

十多年前，妈妈曾给我买过一件很贵的大衣，价格很高，直到现在它都是我衣橱里最贵的衣服之一。

那件大衣的质量很好，当时我觉得特别贵，根本没有考虑买。但是妈妈劝我说："有些衣服价格便宜，穿不了多久可能就没法穿了，但像这款大衣很简洁大方，质量和布料都很好，完全可以穿一辈子。"由于我还小，对这句话也没有特殊的概念，所以稀里糊涂也就买了。但没想到真的是在之后这十几年里，每次搬家时，我都有一些衣服扔掉或者送人，唯独这件大衣还一直留着，因为它的质地和质量一点问题都没有，再穿个二十年都没问题，没准还真的会跟我一辈子呢。人对衣服有时比对人还长情啊！

现在因为时尚更新得很快，所以女生会经常买一些最新款式的衣服，大家生活水平提高了嘛，爱美之心人皆有之。有些衣服买贵的没问题，可并不是所有衣服都是越贵越好。比如，一些能穿很久的经典款，不妨多花点钱添置些好的，如一双不错的小黑高跟鞋，或者一件小黑裙。因为这些基本款你会常穿，而且也很百搭，买贵的完全没问题。但是像退流行比较快的衣服或者一些比较常洗的衣服，类似 T 恤什么的，买贵的很不划算。

便宜的衣服不一定不好看，着装审美的根本在于搭配。我也见过一些朋友，每件衣服其实都挺贵，都是名牌，但是搭在一起却并不是很美。所以对于年轻的女生，我建议没有必要花特别多的钱去买最贵的，而是要买最适合自己的。尤其是当你的消费能力达不到的时候，能买到不贵、好看，还能搭配出风格的衣服，才是真本事。

**着装得体的三个基本原则**

**01**
衬托你的体形。尽量选择能够美化自己体形的着装，扬长避短是选择衣服的基本原则。

**02**
反映你的个性。"个性"建立在职业允许的范围内，比如款型、长短、材质、裸露的程度等，都需要符合你的职业身份。

**03**
符合场合需要。不要穿着平时上班的商务装去参加宴会，也别穿着拖地长裙去上班，要根据场合需求随时变化，这是职业女性应该有的礼仪和素养。

## 2 宴会正装：

# Black Tie
# 不是"黑领带"

如何在不同的社交场合选择最合适的衣服呢？

我曾在朋友的聚会上亲眼见过一个"发力过猛"的例子。那个聚会是在一个很休闲的场所，因为是冬天，大家多数穿的都是毛衣、针织衫等相对随意的衣服。但就在这样一个轻松的氛围里，突然从门外走进来一位女士，身着一件露肩的上衣，戴着皮手套，下身穿一条紧身皮裙。这套行头一看就便宜不了，但问题是这身衣服与这个场合、衣服与她这个人本身，都十分不合适，特别拧巴。当时我的眼神也不是很好，大老远一望还心想：嚯，谁家的粽子进来了？

请大家原谅我的"腹黑"，可这件事确实让我印象挺深的，所以后来在参加party 或正式活动之前，我一定都会先问主办方或邀请人，这次穿衣服的要求是什么，也就是所谓的 dress code。而且如果你不是当晚主角的话，着装尽量不要太醒目，以免有喧宾夺主的嫌疑。如果这个场合大家都穿的是 smart casual 风格的衣服——精致、休闲、舒服的着装，就你穿得特别隆重，其实也是件蛮尴尬的事情，就比如那位粽子姐。

这么穿，没错的。

## 女性着装指南

衣领——裁剪式衣领：仿男士的传统商务装，非常正式，适合用在正式的商务会面、谈判中。披肩式衣领：非正式，但仍属于不错的商务装样式。

手包——目前的流行趋势是白天拿大一点的包，这种包更适合个子高、体形大一点的女生，晚间的社交活动则更适合拿小包。如果你经常在下班后需要参加一些晚宴或者商务宴请，那么可以在办公室备一个百搭的黑色或深色的手包。

珠宝——数量尽量少一些，而且要保证高质量，显得廉价的珠宝尽量不要在社交场合佩戴。同时珠宝不要体积过大、过于明显或过于耀眼，社交场合光彩照人也是需要各方面协调的，特别对于职场新人来说，简单大方才是你的社交装扮之道。

发型——应选择便于打理、高雅的发型，一般建议普通的商务会面以你平时常留的发型为准，比较正统的晚宴则建议将头发梳理成更讲究的造型或者盘起来。

妆容——在商务会面时最好搭配保守的妆容，不要

使用过多的颜色让脸看起来太美艳，这不符合商务场合中的职业女性形象。如果是晚宴则可以让妆稍微浓一点，但也要保持在可控的程度，不要太浓艳。

指甲——指甲记得保持短到适中长度的修剪，涂一些柔和的颜色最为合适。如果你做了比较花哨的美甲，那么平时上班时还可以接受，但在更为正式的商业社交场合则会显得你过于幼稚及不稳重。

饰品——控制在五件物品以内，包括腕表和眼镜。太多的装饰会让你显得打扮过度，不符合社交礼仪中的着装原则。

皮鞋——最好是低跟到中跟的皮鞋，颜色中性，深色系是百搭，皮质要上乘。千万不要穿拖鞋、超高跟或引人注目的超尖款式或材质奇怪的鞋子。

便鞋——职业女性最理想的鞋就是便鞋，鞋跟高度为3—5厘米，既能保证你在上班时走动得舒适，同时也能增加自身的气场。

绑带鞋——体现优雅和女性特质。可以搭配裙子或裤子，但一般不与传统商务装搭配。

芭蕾舞鞋——一般不在商务场合穿着，但有时根据不同职业，也可以搭配量身定制的衬衫在商务休闲场合穿。

完全露出脚趾的鞋不适合在非常正式的场合穿，切记这一点。不管这双鞋有多贵或造型多特别，它都不会为你在正式场合加分

**最正式的两种女性着装标准**

**Black Tie**

一般选择等身长的裙子和衣装，或裙摆在膝盖以上的裙子。

-

在家中宴请十名宾客的正式晚宴，穿高雅的齐膝长裙装。

-

在宴会厅宴请二十名宾客以上的正式招待会，穿高雅的等身长裙装。

-

正式晚宴和舞会，穿高雅的等身长裙装。

-

庆祝生日的宴会，穿到小腿或等身长的优雅裙装。

注意用料和材质：丝绸、缎面、刺绣、珍珠、人造钻石、天鹅绒和金属制品都适合于正式场合。

-

如果选择衣服和裙子分开的服装，要学会评估自己的选择是否正确。比如：带珍珠的抓绒上衣应搭配等身长、苗条的丝绒裙子，或者丝质透明纱的短上衣搭配全缎面、长及脚踝的裙子。

**White Tie**

一般用于歌剧、芭蕾舞会、慈善舞会、外交和皇家活动。

-

正式的晚装长裙一般露出脖子，即"露肩裙"。

-

短裙和裤子一样，不论多么奢华都是不可接受的。

晚间戴长手套是可以的，但是25岁以下的年轻女性不适合一直戴，手套应为白色，与裙装协调。

-

避免戴手表，除非手表上镶有珠宝，并且表面有遮盖物，从外表上看像手镯。

-

晚间的手袋应尽量小，且没有手提带。

-

饰品应挂在蝴蝶结上，别在胸前。

-

常规的长裙一般都适用于正式场合。

**男性着装指南**

衣领——衣领上部应当从外套中露出一截，领带应当处于正中间，与外套完美结合。

袖子——衬衫袖子应当比外套袖子长出至少1.3厘米，切忌让衬衣袖子完全缩在西装袖子里。袖扣应与皮带扣和婚戒保持协调一致。

皮带——应尽可能采用低调的黑色，并尽量与鞋的质感或颜色保持一致性。在正式晚宴中，一般应该选择较正式的皮鞋，而非休闲款。

手表——应该佩戴你所能买得起的最好品牌的手表，手表不仅仅是一种装饰，更代表了你的品位与身份，所以在自己的经济能承受的范围应该尽量买好一点的品牌。并且手表应当与皮带搭配协调。皮质表带会显得更正式一点儿，潜水表和电子表不适合在正式场合佩戴。

饰品——男士所使用的饰品应当控制在三件物品以内，太多的配件会显得你不够稳重。饰品应该与服饰保持同一色调，并且需要与你所处的场合搭配，比如在需要公文包的场合不能用背包。

布洛克鞋——这是男士在商用场合最正式的款式，布洛克鞋的脚趾、鞋帮和鞋底都有打孔和锯齿状皮革作为装饰。

## 最正式的两种男性着装标准

### Black Tie

选择黑或白色的丝绸、精纺羊毛或上选羊毛料制作的晚宴礼服，带棱纹丝绒翻领（非缎面），搭配黑色灯芯绒裤，裤子外侧应该有一条黑色穗带。

-

如果穿的是灯芯绒裤则不系皮带，但按礼仪必须穿背带。

-

白色礼服衬衫，选用做工上乘、顺滑、有褶皱的浆洗棉或丝绸料，有可打褶的前襟。柔软、经典的翻领，袖口应搭配袖扣。

最好选用黑色链扣搭配袖扣，但使用其他装饰性袖扣也可以接受。

-

选择黑色丝绸或罗缎制作的领结。

-

自制围巾可以接受，一般与单排纽扣夹克搭配。

-

晚间应穿黑色尖头系带鞋，白天应穿黑色皮鞋（非尖头），鞋不能有鞋尖或装饰性布洛克雕花。

-

袜子应当为黑色的优质面料。

### White Tie

如今人们并不常穿，只有在极为正式的场合才穿，在这种场合里必须尽可能正式和干净。

-

黑色丝绸晚礼服或燕尾服，搭配黑色裤子，外侧裤缝采用双穗带。

硬领衬衫配可拆卸翻领，或用珍珠母或白色饰纽（其他欧洲国家为金色饰纽）扎紧翼领，以及袖扣。

-

白色丝领结。

-

白色丝绸马甲，在白天举行的非常正式的仪式活动中可以戴白领带，但必须穿黑马甲。

-

黑色尖头鞋，黑色丝制袜子。

-

怀表与表链。

牛津鞋——这种款式简洁高雅，鞋尖有覆面，采用高档的柔软皮革制作。

德比鞋——前部宽大，没有覆面或显露的鞋带，这种款式更适合商业休闲装。

一般的晚宴着装重点都会在请帖中讲明，但也有一些容易混淆，需要特别注意。比如，男生的 dress code 里会经常出现一个词——"black tie"。

注意，田老师要敲黑板了：black 是黑色，没错吧？下面问题来了，我们大多数学过英语的中国人，看见 tie 的第一反应都是"领带"，但是它在这里不是的。重要的事情说三遍：在 black tie 里，tie 的意思是领结，领结，领结。

千万要记住哦。

还有一个重要细节是穿黑色礼服时，要选西裤中间有一条丝绸的装饰条的才对。西装如果是两粒扣的，最下面那粒是不扣的，三粒扣的话也要记住最下面的纽扣永远不要扣上，只扣前两粒。

有些更加正式的场合里还需要 white tie，也就是要打白领结，包括衬衣的正面是需要有绸缎装饰的，或者是比较新式的有硬挺的质感。如果打白色的领结的话衣领是需要立起来的，只有打黑领结时才可以放下来。

打白领结还需要穿侧边有两条绸带的西裤，而且一定不要系皮带。有一种方法是裹腰封，还有一种更流行的做法是穿带马甲的三件套。

男生因为选择比较固定，所以不容易犯错，但对于女生来说，因为没有太明确的标准范式，所以越多选择，越容易选错。

礼服相对来说是最佳选择，颜色需要依场合而定，不仅要"因地制宜"，更要"因时制宜"，如黑色永远能 hold 住全场，但在夏天时，也不妨试着穿得鲜艳一点。我人生中的第一件晚礼服是一条黑色小礼裙，纱质布料做的，还带有小穗穗，类似故意剪坏的那种设计视觉效果。它的裙身比较蓬松，整体还算简洁，但是我现在再看它时会觉得"过度设计"。

如今我再买一件礼服时，绝大多数情况都是觉得这件衣服本身真的很好，或者可以适合很多场合，否则平时宁可选择借一些礼服来穿，这样既能保证新鲜感，又不会在这种使用频率很低的东西上花费太大。有时一些快销品牌，比如 H & M，也会和一些设计师推出一些限量款礼服，价格不贵，所以如果你没有太多预算的话，不妨将它加入购物车。

还是那句话：衣服价位不是第一位的，搭配段位才是。

## 3 首饰搭配：

# 一枚三年未摘的戒指

说件好玩的事儿。

记得第一次去香港拍戏时，很是被尖沙咀林林总总的繁华商铺所吸引。但那时工作节奏快，没时间去试衣服，可是不买点啥手又痒痒，我就跟一个朋友说："不如我们逛街，去买点配饰类的东西吧，比如墨镜啥的。"于是她就带着我到了 Esprit 的店里挑了一副。那时她知道我刚入行，手里也没什么钱，所以不会带我去买很贵的东西，但当时我什么也不懂，对品牌也没概念，就觉得人家带我去买的这个东西就是好的，心想这肯定是个高级货，就天天戴出去显摆，觉得自己可帅可拽了，简直就是女版的小马哥。

在这之后我买了很多墨镜，贵的和便宜的都有，但这副墨镜我直到现在都还留着，觉得很有纪念意义，它不仅是我十九岁时给自己买的第一副墨镜，而且也记录了我那段"傻乎乎"的岁月，我相信每个女生都有过这种经历。

饰品看似很小，却是着装礼仪中必不可少的一部分。越是细节越能体现一个人的审美，而且如果你平时穿衣风格比较低调的话，这些小饰品可以让整套装扮都有亮点。而且后来我也逐渐体会到，和衣服一样，自己的首饰盒里并不一定都需要是名牌或者贵家伙。我的那副 Esprit 墨镜如果搭配合理的话，戴起来也会很有气场。

现在我戴的首饰就有在街边淘的，可能是因为喜欢那种二十世纪五六十年代好莱坞风格的原因，所以我特别青睐一些复古的款式。我不喜欢黄金材质，因为自己也不是摇滚范儿，戴太多重金属感的东西我总觉得怪怪的。

戒指——我有一个美人鱼形状的戒指，戴的频率非常高。它价格不贵，很简单大方，而且它是我的朋友苏珊·洛克菲勒设计的有关保护海洋生态平衡的产品，具有特别的意义。这枚戒指我已经戴了三年多了，从没离过手。

在做商务装打扮时，女性的每只手最多戴两个戒指，正式的社交场合或商务场合则更倾向只戴一个。戴的戒指越多不代表越能提高你的地位，不要让自己看起来像是一个用珠宝堆砌而成的"展示架"。

耳环——耳环的选择有几个建议：第一，脸型。圆脸的人尽量不要再戴圆的耳环了，长脸的人就尽量不要再戴长条形的了，这样耳环才能体现出修饰脸型的效果。

迈步时，用脚踝将后脚从地板上剥离，穿过前腿的脚背。要保持流畅的步伐，可以在膝盖处于弯曲时继续如此行走
-
脚踝晃动
-
膝盖僵硬时可以稍微前倾身体
-
大腿僵直时则可以让身体后倾一些
-
脚跟下沉，以避免走路不稳

第二，安全。如果你戴的耳环是钩环的，一定要避免钩到头发。

第三，尺寸。很多法国女生会选择一些小巧精致的耳环，比较百搭，比如一个珍珠耳钉，或一个小的钻石耳钉。这样的耳饰尤其适合白领戴着出现在办公场合或者小型的晚宴上。

还有很多没有耳洞的人会选择戴耳夹，但这种耳夹往往会让人有些不舒服，比如耳朵疼或者头疼，我相信一定有人遇到过这种状况。对此我的建议是只有平时戴过这样的耳夹，知道自己戴久了会出现什么样的状况，才能戴着它去出席重要场合。

项链——还是以法国女生为例，她们很喜欢通过戴里三层外三层的"套娃式"项链来表现自己的个性。这种套装通常是比较细的那种，短一些的戴在脖子上，长一些的缀在胸前，利用不同的叠加来突出效果。项链本身具有工具属性，比如有的人脖子上有一个疤痕或胎记，或者脖子很漂亮，希望更突出这一点，都可以选择适合自己的项链来达到想要的效果。

帽子——帽子是非常修饰脸型的。比如我的脸比较长，就不适合向上延伸或向上翘的那种帽子，会显得我的脸更长。我更适合帽檐弧度向下的，这样在视觉上脸会相对缩短一些。帽子的颜色也很重要，黄皮肤的亚洲人就不适合戴偏黄色的。

在冬天很冷的时候，不论你是否爱美，从保暖性来讲都应该戴一顶帽子，这会对你的脑部血管有好处。真正的美丽源自健康动人，而不是冻人。

围巾 & 纱巾 & 手套 & 腰带——这四样是非常重要的女性装饰品，一条裙子可能会因为它们展现出完全不一样的效果。

我强烈建议女生在买围巾的同时也能够多学习一些围巾的系法，因为同一条围巾搭配同一件衣服，不同的围法会体现出不同的效果，达到"事半功倍"的效果。

手套不仅关乎保暖，也是提升气质的工具，比如那种长到手肘的臂套，戴着它参加舞会时就很有贵族范儿。

腰带会重新勾勒一个人的身体线条。有的女生腿不是特别长，如果把腰带向上系，就会有很好的拉伸效果。所以买腰带时你一定不要手软啊，不同粗细、不同质地、不同款式、不同颜色都应该多备一些，而且对女生来说很重要的一点是：储备充足，也就不必担心"撞带"了！

鞋——高跟鞋是女生"足上的皇冠"。

选鞋首要考虑的一点是舒适，因为再好看的鞋，如

果穿着不舒服的话，你也走不了几步，而且脚疼会让走姿显得怪异。从健康角度讲，长期穿不舒服的鞋不仅对脚的损害很大，对血液循环、脊椎等方面也有不好的影响。

所以还是那句话："要美丽更要健康！"

还有一点是鞋跟高度。很多女生因为觉得个子不高而选择厚底的鞋，但是她们没有想过副作用：厚底的鞋反而加重了脚部的视觉效果，显得人更矮。所以"拉长腿部"不能通过单纯垒砖式的外增高来完成，而是要在提高鞋跟的同时，让整个人显得轻盈。如果你一定要穿松糕鞋，我的建议是配条能够遮住鞋底的长裙。

**如何穿高跟鞋行走**

将重心通过脚跟和高跟鞋平均分配。

-

刚开始学习穿高跟鞋应该尽量走小步，而不要步子迈得太大，因为这样不利于身体保持稳定。

-

不要像穿平底鞋那样弯曲膝盖。

要让高跟部分先落地，然后迅速将重心转移到整个脚部，以保持身体重心稳定。

-

要看好前方路面，以针对地形做出步伐上的调整，同时要小心那种缝隙，让鞋跟避开那个位置，避免造成鞋跟卡在里面的尴尬局面。

-

避免踩踏、跺脚和大步伐。

-

保持臀部运动，通过臀部和

膝盖进行放松。

-

为抵消重心的移动变化，要保持胸部朝上，使身体重心稳定。

-

避免走路时手插兜，手臂不要在身体两侧来回晃动，给人感觉像在行军，会让姿势过于僵硬。

-

多穿多练习。

# 致／每一个追求美的你

展信佳。

也许在很多人的眼里，艺术是与自己的日常生活八竿子打不着的东西。可事实上，生活本身就是一门艺术，衣食住行等方方面面的最高境界也是艺术。所以，不管你所处环境如何，不管你的生活方式如何，你都应该向往艺术和追求美。

生活里有很多具有艺术感的东西，而不是放在博物馆里的才叫"艺术品"，尤其在当代艺术领域。我在纽约看到过很多街头艺术家，他们把几个小子做个造型放在一起，就能让很普通的东西具有艺术感。

社交场合很多时候会聊到艺术，因为这确实是一个高雅的话题，所以大家即使对艺术不是那么感兴趣，也不妨试着找一些你喜欢的艺术风格和艺术家做些了解，这样才不会在别人聊到些时插不上嘴，也算增加一些谈资。你不需要对所有艺术家都了解，但是起码要知道几个自己喜欢的，最好是真正发自内心喜欢的那种。我个人就很喜欢加索，也看过很多关于他的书，去过他在巴黎和巴塞罗那的博物馆，这增加了我的艺术积

玩偶当成是爸爸。慢慢地，他开始喜欢上了穿姐姐的裙子，因为裙子能给他一种"被罩住"的安全感。有趣的是，在现实生活里他其实是个异性恋者，他有老婆，有孩子，而且穿正装的时候看来他是范儿，胡子拉碴的，很像个老牛仔。在我看来他是一个成分构造非常复杂的混合体，家庭因素导致他的作品也有很多性与暴力的元素在里面，具有很强的冲击力和迷幻色彩，所以我很喜欢他，不论是他的作品还是这个人本身。

累，而且在社交场合，如果大家都在聊毕加索的绘画时，我与别人也会有共同话题。

多去逛逛博物馆和画廊。关于艺术，你就会慢慢找到自己喜欢的风格。我觉得永远没有统一的标准认定谁是最好的，因为你自己喜欢的就是最好的。千万不要因为大家都说好，所以你就去喜欢他，对艺术切记要保持自己的鉴赏力。

保持对美的洞察力，在生活中享受艺术，会让你每一天都活得充实愉悦。当然，有的人还进入到了更高一层的境界，就是把生命本身当成了一件艺术品。

伦敦艺术大学校长、陶瓷艺术家格雷森·佩里是我认为最酷的人之一。因为异装癖的原因，很多人都觉得他是个怪咖，但真正跟他聊过天以后，我发现他其实是把自己当作一个作品在打理。他说全人给人的感觉是脆弱的，所以他做的艺术品几乎都是瓷器，因为瓷器给人的感觉也是同样脆弱。

他成为异装癖的原因是这样的：父亲在他小时候总是打他，把他关在屋子里，所以他就把泰迪熊

美是人类永恒的追求，它的装不了，而是完全由内而外的一种表达与散发。真正有涵养的人即使穿着最普通的外套，往那一站也会让人感觉舒服。所以除了衣服本身，我们也要重视头脑的美化，"腹有诗书气自华"，多读书，多感受艺术的魅力，从内心里就让自己活得自在充实，这才是美的真正源泉。

你的朋友
Meme T

# 第三章
/
宴会礼仪

"会应酬"
帮你打通交际圈

与意大利前副总理Francesco Rutelli（弗朗西斯科·鲁泰利）、
Fendi家族小女儿Ilaria Venturini Fendi（伊拉娅·芬迪）

# 1 蝙蝠侠
# 光临剑桥

在掌握了餐桌礼仪和着装礼仪之后，下一步就可以进入社交场合进行真正的实战了。

晚宴在西方文化中有很重要的社交意义。让我印象很深的一次宴会是剑桥大学举办的晚宴，这也是我真正了解英式礼仪的开始。当时在场所有人都穿得很有仪式感，穿晚礼服、系黑色领结，如果你是教授的话，还得穿院士袍，就像个法官一样。他们给人的感觉就是：哇，蝙蝠侠来了！

晚宴开始时有一个人敲锣，然后大家才能进入主会场。宾客进入大厅之后不能直接落座，而是先要集体站着用拉丁文祷告。当天一共有三道菜，第三道是甜品，到这时候，主办方会要求每个人都换一下座位，侍应生会给你一个新的座位号，统一把位置打乱后再入座，这时你可能就会坐到另外一张桌子上去。主办方就是想通过这样的方式让大家能够和不同的人进行更多的交流，这个构思还蛮特别的。

我当时内心特别紧张，虽然之前也参加过一些晚宴，但是这么有仪式感的还是第一次。宴会结束的时候，每张桌子会摆上好几个特别大的银盆，还有一个银

111

## 身体仪态

这些姿势你需要掌握：
两种正确的姿势包括：
皇家式和传统叉腿式。

-

### 如何在椅子或沙发上落座和起身

使用腿部肌肉来落座和起身，保持双膝并拢。

-

### 如何优雅地进出车辆

如何上车

上车时保持膝盖和腿部在一起，双腿和脚应一起移动，避免分开。双脚先进入，然后才是腿。下巴上扬，以保持姿势的优雅。注意"转体"时不要碰到车身，同时幅度不应该太大。

如何下车

扭转身体向外，先出脚，然后是膝盖。站立起来时可以利落一点儿，手可以扶住车门或车窗，避免跌倒。

### 如何下楼梯

保持下巴上扬身体适当朝向楼梯把手，会让下楼的姿势更加优雅。

把手只作为引导，不用于抓握，轻轻扶住即可，不要太过用力抓握。

保持思维高度集中，这是避免跌倒的关键，万一跌倒可就将之前打造的优雅形象毁于一旦了。

-

### 如何站立

保证身体直立，避免耷拉身体，会显得没精神。

一脚适当置于另一脚前，重心放在后脚上，可以让背部挺得更直，同时也让身体不会过于僵直。

扭转骨盆适当向前，可以让身体的侧面线条更加优雅。记得收腹，这是让身体看起来更有型的关键之所在。

扭转肩膀向后及向下，使肩膀看起来尽可能放松舒适，而不是呈现高耸的紧张

状态。

避免斜倚墙壁站立，或使用支撑物支持身体，会让你看起来像是体力不支或者身体不适。

避免手插兜，或放在臀部口袋以及在胸前交叉，除非你想让自己看起来像是"小朋友"。

-

### 如何行走

优雅地行走应当看似毫不费力，一切自如。为此，你必须调动全身的每一块肌肉。行走中保持舒适也很重要，并保持正确的姿态，减小两腿间的步距，将一脚置于另一脚前，然后轻轻滑过地板，并向前迈步，避免步伐机械化。

扭转双肩向后并向下，让自己看起来是放松状态。

保持自我状态，你不是模特，没必要走猫步，但是独特的走路气场会让你加分不少。

壶，壶中的玫瑰花水会倒在盘子里，每个人都会用餐巾蘸一点水来擦擦嘴角，再蘸一蘸来擦掉手上的油污。当然这不是真的让你做清洁，而是英国正统晚宴中的一个象征性仪式。

晚宴过程中，我身旁有个人跟我聊天，聊了很久我也没听懂他到底说了什么，当时就觉得自己的英文特别差劲，一种自卑感瞬间涌了上来。但他后来突然提到了牛顿和苹果树，我才知道他原来是个物理学家，跟我聊的都是宇宙黑洞之类的问题，怪不得听不懂，这些别说是英文，就算说中文我也无能为力啊！这才稍稍为自己找到些心理平衡。这也给我提了个醒，在社交场合你可能会和旁边的人没什么太多共同语言，但也应该表现出对所聊的话题有兴趣，保持积极的聆听状态，这也是礼貌的一部分。

传统总是容易丢掉，现在很多地方的晚宴已经很随意了，大家可以随意走动，也可以大声说话，但往往传统的才是最优雅的，也是最有底蕴的。

每个人都会有越来越多这样那样的社交需求，但不能因为自己很宅就不愿去面对社交，这样是会被社会淘汰的。就好比现在手机已经发展到了智能手机时代，你却还拿着一个大哥大，想找个地方修都没有。所以面对这种发展趋势，你当然可以不热衷，但最起码应该去了解一下有关社交的流程和礼节，应该懂得最基本的游戏规则。在信息时代，你掌握的有价值信息越多，你个人的价值也就越高。

承礼学院在意大利上课时举办了一场晚宴，地点就是电影《罗马假日》里安妮公主和大家握手那个场景的取景地——"罗马皇宫"。当天一共来了三十多位客人，包括十几名学员和意大利当地的朋友，都是级别和身份很高的人。那天现场布置得很漂亮，也安排了歌剧表演，非常隆重。但是在上菜的时候发生了一个小插曲：

按照礼仪，上菜应该是先给女主人上，然后再按照座位次序的重要度依次上。但当时的服务员有些疏忽，上菜顺序有些混乱，给我身边的一位嘉宾上完菜，却跳过了他身旁的人。我当时并没好意思直接说，以为他自己能意识到。可当他上到第三道菜还上错时，我就有些忍无可忍，于是悄悄告诉他："请麻烦您按照顺序来。"

第二天当我们去开收据时，我的助手跟餐厅的负责人提了一个建议："我们这次请的都是很重要的人，但是你们服务的细节出现了很严重的错误，这不应该是在你们这里发生的，希望以后注意。"对方很虚心地接受了："对不起，请包涵，这次也给你打个折好了，非常抱歉。"结果他居然给我们便宜了一千多欧元，这可是非常大的一个折扣了。后来我还把这件事儿开玩笑地讲给被上错菜的那个朋友："要是以后每次上错菜都打折，那还真是件挺划算的事儿呢，你就多牺牲一下吧。"

从这件事可以看出，西方人其实是非常注重宴会礼节的，所以如何作为主人组织一场宴会或作为客人参加一场宴会，都是很有门道的。

**握手**

**原则**
应该由年长者、职位高者、主人或者女士先伸出手。年轻者、职位低者、客人或男人应该待对方先伸出手后再握。

**方式**
传统式：握手时应该用虎口相对，手掌伸开垂直。不应该用左手握手或者戴着手套。不要用双手握手，特别是握异性的手。
政治家式：右手相握后再用左手搭在上面，在普通社交场合不太适用。
当代式：可以手指弯曲握住对方，但要注意握手时不应该力道太大，微微用力既可表达尊重又不失礼貌。

**行礼**

**鞠躬**
请尽量保持身体下倾至45度以上，以保持尊重。鞠躬时应该眼睛看向地板，而不是随意观望。特别是表示道歉时，请保持身体弯曲一段时间再抬起，而不是弯下腰后立刻就抬起，会让人感觉没有诚意。

## ② 会写请柬的主人<br>才是合格的主人

去年罗斯柴尔德先生跟夫人来中国的时候，我邀请他们到家里吃饭。

当时我决定请他们吃烤鸭，因为这更能体现北京文化。我请了专业做烤鸭的团队来家里服务，还请了花艺设计师来布置现场，在吃饭的间隙，还有古筝、琵琶、二胡三重奏的表演。对外国朋友来说，这样的安排会让他们觉得有特色，也很有文化。晚饭之后罗斯柴尔德先生的评价是：从来没在一个家宴里吃得这么舒服，中国人真的特别懂得待客礼仪。当时我的心里话是：其实这都是从你们那儿偷师回来的呀！

当然，对于想要实战练习礼仪之道的年轻人来说，聚会的场面无大小，用心就是最好，还是那句话：真诚第一，尊重彼此。比如，邀请朋友来家里玩，只要是用心准备的，哪怕是自己炸一些简单的薯条和鸡翅都没问题。我有个好朋友叫小松，他对生活很讲究，我每次去他家吃的虽然只是普通家常菜，但他也会亲自把菜一道一道地准备好，甚至连面包都自己烤，有这样的朋友真的会觉得生活是很幸福的一件事情。

正式宴请或活动前，主办方都会发请帖给客人，而且最好是提前一到两个月。如今越来越流行电子请帖，我很提倡这种做法，既环保又省事，对方接收速度也更快。

请帖可以做两个不同的模板，一个用来邀请很亲密的朋友，另一个用来做正式一点的商务宴请，这样以后只需要改动一些字和细节就能直接使用。请柬上一定要写清楚的内容是：时间、地点、着装要求。这些细节都很重要，特别是时间和地点，这是宴会能够顺利举行的前提。

**这样写请柬**

×××先生和夫人：
　　我们诚挚地邀请你们参加我们于11月28日（星期六）在××餐厅（地点：××酒店B1楼）举行的宴会。
Time：八点半
Address：××市××路××号
Dress code：Black tie
R.S.V.P.
×××（联系人姓名）
Tel：
E-mail：

如果是邀请很熟的朋友，我会先打电话问一下对方有没有时间，如果有时间就直接把请帖发过去。如果是一些不那么熟的朋友，我就会通过写邮件来邀请，因为电话里可能人家会不好意思回绝你。非常正式的宴会要提前两三个月开始邀请，特别是对于外国人。要是中国客人的话一般提前一个月邀请也问题不大，但绝不能比这个时间少，否则会显得不太礼貌，而且一些比较忙的人也不见得有空，要给对方充足的时间协调安排行程。

聚会地点如果定在一个特别远的地方，比如说长城脚下，需要提前跟大家打好招呼，如果大家都有车或者你提供交通工具接送那就 OK，否则就不应把地点定得太远。而且去远的地方最好提前通知，让大家有充足时间准备。

如果你的邀请 list 里有明星或名人，还要告知每个人可以带几个随行工作人员。如果他带了好几个助理来，万一超过你的预算和座位安排那就很麻烦了，总不能撵人家回去吧？如果是邀请企业家，最好可以安排秘书和司机的餐食，以最大的诚意把细节都考虑到位。

**请柬上的小知识**

R.S.V.P.代表的意思是 please reply。也就是"请答复"的意思，来自法文"Réponse s'il vous plaît"（请回复）。也就是

请被邀请的人收到请柬后告诉主人是不是能去。
-
需要注明活动将开始的时间，也可能包括结束时间。
-
也需要写上所需服装的类型。

永远不要忘记写地址。
传统上讲，邀请信封是不用密封的，直接将信函封口塞在里面。但是，更实际的做法是，要是你在其中增加了其他的信件或卡片，则应将它们密封，因为大多数信函是通过邮寄方式交付的。

**当你不了解被介绍人士的
名字时**

**01**
对该人士姓名的正确发音
显示尊重和考虑。
-
**02**
切勿说"什么",而应该说:
"对不起,我误解了或我
刚才没听清楚,您能为我
重复一下您的姓名吗？"

第一，不同国家或种族特有的文化习惯应该尊重，比如犹太人的节日特别多，所以要是碰上犹太节日请客人吃饭的话，最好先问清楚对方不吃什么，因为有的月份他们甚至不吃米。第二，要尊重个人饮食习惯，比如说人家天生不喝酒，就不要强迫别人喝酒，人家不吃辣，也不要逼着人家吃辣。不要把你个人的喜好强加给别人，这非常不礼貌。

记得有一次在美国，我跟一个朋友吃饭，问他去吃中餐怎么样，他说想吃汉堡，但我觉得汉堡很油，为此我俩还讨论了一阵。因为对我们来说中餐很好吃，但对美国人来说就不见得。现在想起来，处理这种情况很简单，原则就是不要强迫对方接受你的提议，要是最后都谈不拢，那么就各吃各的也挺不错。绝对不要因为你自己喜欢某些东西，就强迫别人也去接受，尤其是美国人，特别看重"尊重个人选择"。

在宴会开始那天，作为主人应至少提前十分钟到达餐厅，要先到现场把一些情况都了解好，如果有不合适的地方，提前到达的话还可以做些沟通和调整，比如位置不够宽敞，座椅少了，等等。

如果是一个大型活动，待一切都准备就绪后，主人还应该尽量站在门口等候每位客人的光临，这是很高贵的做法。假如只是一个小型私人朋友聚会就没有这个必要了，否则可能会给客人带来些许压力。但看见客人进屋时，主人起身表示欢迎还是应该的。

## 问候和介绍

在社交礼仪中，为了表示礼貌与尊重，应该首先介绍和问候以下这些人：

### 01
**女士**
女士在社交场合总是应该被尊重与照顾的。Lady first原则不应该仅仅局限在让路这件事儿上。

-

### 02
**年老者**
长者也是在社交中应该被首先介绍以表达尊敬的人。

-

### 03
**职位更高者**
如果是在商务场合，那么职位更高的人应该首先被介绍，并且交换名片的顺序也是如此，越高职位者应该越先与之交换名片以表示尊重。

-

### 04
**更杰出的人**
根据场合的不同，有一些获得杰出成就的人也需要你着重介绍并与之打招呼以示礼貌。

## 如何恰当地互相引荐身边的人

### 01
切勿直接使用名字来做介绍或问候，除非你被邀请这样做。

-

### 02
使用适当形式的职位或称谓来做介绍会更恰当，特别是在商务场合，比如"这位是李总监"，或者"这位是李××（名字）经理"。

-

### 03
当介绍家庭成员时，最好的办法是提及他们与你之间的关系，比如"这是我的母亲×××""这是我的叔叔×××"，而不应该仅仅用称谓来做介绍。

-

### 04
请记得使用"我可以介绍一下吗"这种询问的语气来表示礼貌，特别是要引荐一些德高望重的人时，记得征得对方同意。

-

### 05
你与主办方或者主人一起时，在相互引荐时应该先介绍客人。

-

### 06
只需要互相介绍两个人的时候，应该先介绍年轻者、职位低者，再介绍长辈及高职位者。

-

### 07
现场有超过三个人时，则应该先介绍长辈及高职位者，再依次按照排名做介绍。

-

### 08
注意，排名高的人士应该首先伸出他/她的手进行握手。你与一个更应该受到尊敬的长辈、领导见面时，如果对方没有伸出手来，那么你就只需要口头打招呼即可，只有当对方伸出手来表达出想要握手的意向时，你才应该与对方握手。

# 3 会送礼物的客人
才是优秀的客人

应邀参加一场宴会或者逢年过节，给家人和朋友送些小礼物，已经成为大家认可的一种礼仪方式。

"礼物"这个词里有一个"礼"字，所以必然有深厚的礼仪文化蕴含其中。中国人讲究"礼尚往来"，如何送礼，如何收礼，都有相应的范式。而且主人邀请你来本身就是一种礼，所以客人在送礼方面也不能含糊。

我曾经收到过一份很特别的礼物，是一个女性朋友送给我的，这个礼物本身并不贵重，但许多年过去了我依然很难忘，因为它的包装很特别，体现了送礼人的用心。

因为我一直很喜欢洋娃娃，这个女性朋友就在礼物包装好之后，粘了一个小的洋娃娃站在礼物盒上，旁边还配上了卡通的小猫图案，有点像小王子站在地球上的那种感觉。如今十多年过去了，这个小娃娃还一直摆在我家里。

如今虽然不提倡过度包装，但这个环节其实也不能忽视，有时可能一件普通的礼物配上一个有心意的包装后，它就会变得意义非凡。还是反复说的那句话：礼仪不仅是一种形式，更重要的是对他人的尊重。世事洞明皆学问，人情练达即文章。送礼物这件事看似虽小，但却很有讲究。如何花合适的钱买到合适的东西，是需要花心思的。

我自己最近送出去的一份礼物是给纪梵希先生的。

在采访纪梵希先生之前，由于他非常讲究"眼缘"，所以他说一定要在采访之前见到我本人，再决定接不接受访问，这也是我人生第一次在采访之前做的面试。面试当天，我特地穿了纪梵希的衣服去见他，很幸运的是老先生对我印象

### 送礼原则

根据对方的喜好选择礼物，送礼前最好有所调查，"投其所好"。例如，如果给不喝酒的人送红酒，即使酒的品质再好也没有意义。而且对方如果舍不得扔，如何处理它还会成为一种负担。

-

把握送礼物的尺度。如果不是特近的关系，不要送太贵重的东西。例如，如果我过生日时你送了价值一万元的表，那么你过生日我相应也要回赠价值相当的东西，双方成本都很高。

-

送礼物时一定要把价签去掉，不论它有多贵。特意让对方知道礼物的价格多此一举，礼物的好坏明眼人可以看出来或可以查到。价签撕不干净时，剩余的粘贴痕迹可用橡皮擦干净。

-

在工作中给客户送礼物也是同样道理。除非这个东西是自己的产品，否则不要第一次见面时就送得太贵重，这很可能会让对方觉得你是"有求而来"，从一开始就出现不对等的关系。

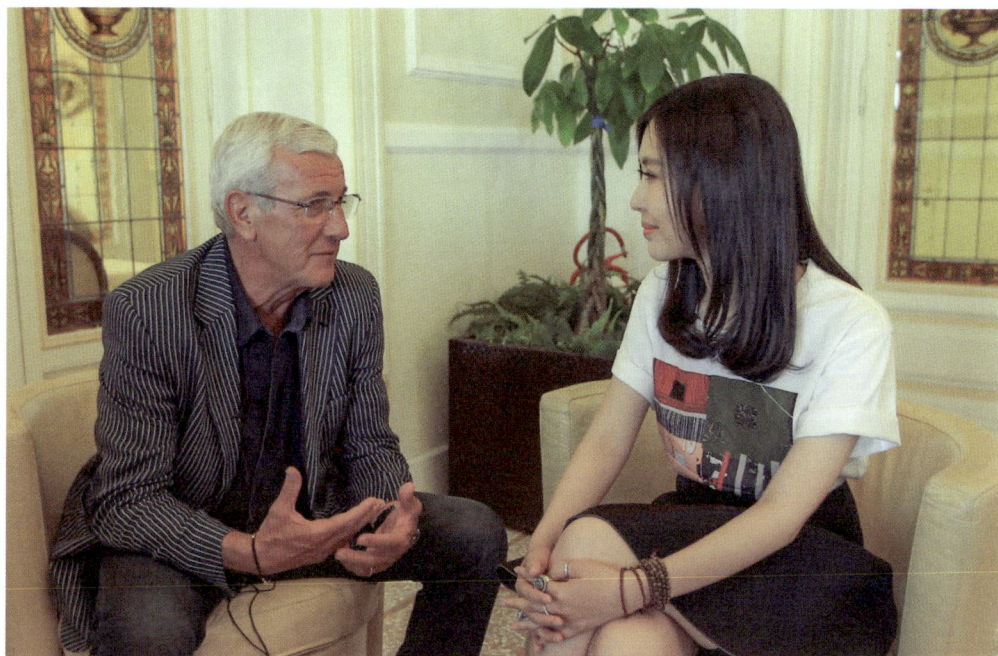

与意大利著名足球教练、"银狐"Marcello Lippi（马尔切洛·里皮）

还不错，所以隔了两天之后就通知我可以接受采访了。对此我真的是发自内心地感谢。

在离开巴黎之前，我特地去他住的地方附近的一个花店买了盆花，还写了一张法语贺卡，祝愿老人家身体健康。我把这盆花悄悄交给了门房的管家，拜托方便时帮我转交，这也是摄制组全体成员对老先生的一种谢意。这样一个老绅士能够对他人如此尊重，那么我们应该让他觉得中国人也是很有教养的，是懂得感恩的。如果下次有机会再去他家，希望看到这盆花还在。

国外送礼物时一般都送很小的东西，可能是一盒巧克力，或者一束花就行了。送一本自己觉得不错的书也是很好的选择，但是一定要用心包装好，所谓"礼

轻情意重"。但现在国内不流行送书，连送笔都很少，因为写字的人少了。这说明因为文化趋势不同，选择的礼物也应有所不同。

在收礼时，东西方的礼节也有区别之处。中国人收到礼物时一般不会当着对方的面拆开，而是带回家后再打开看，因为中国文化比较含蓄，所以喜不喜欢都不太善于当面表达。但对外国人而言，他收到一个东西时都会直接打开看，然后立即说喜欢或谢谢，因为他们热衷于分享自己的感受，以体现对你的尊重。对于这种细微的差异，我们在不同社交场合也要有相应的文化意识。

**客人参加宴会原则**

**01**
不要太早到，但也不能迟到太久。例如，主人通知七点到，客人七点零五到七点一刻左右到比较合适。

-

**02**
如果第一次到一个不太熟的朋友家做客，假如还想带朋友去，要提前征得主人的同意，不要连招呼都没打就带别人同去，会让人感到莫名其妙。

-

**03**
如果你第一次去别人家，除非你带的朋友和主人本身有一些交集，否则最好不要

带，以免大家因为行业不同发生话题冷场。比如邀请你的朋友是做IT的，刚好另外一个朋友是IT类的供应商，或者和IT界有一些商务往来，就有互相认识一下的必要。

-

**04**
进门基本都要脱鞋，有的男生有时候会有点脚臭，所以做客前要注意袜子、鞋子是不是需要换一换。脱鞋后鞋子不要乱扔，一定要摆放整齐。

-

**05**
知道何时该起身离开，所谓"好聚好散"。例如，在朋友家就要看主人的状态，如果

他都开始打哈欠了，那么你还在那儿继续待着就会打扰到人家的休息。

-

**06**
如果你提前走，务必要跟主人打招呼。例如，你八点半必须要走，那么来的时候就要提前告诉大家，否则到时候突然提出离席，可能会让主人觉得你对聚会不满或不舒服。

-

**07**
注意措辞，表达委婉。例如："对不起，我八点半有个事情需要提前走，我非常想在这儿继续留着，但是非常非常抱歉，希望大家以后有机会再聚。"

125

Nice to meet you！亲爱的你：

语言是人与人之间交流的工具。英语是当今的"世界语言"，如果你想行走于全球，不论是工作还是旅行，都起码要会说些英语。当然如果还会第二、第三门语言那非常好，但英语是首先是必备的。

很多人因为英语不好而自卑，但学语言最大的特点就是要"撕下脸皮"，你要想："这有什么不好意思的，很多外国人还不会说中文呢，但我们也不会笑话他们啊。所以不要害怕别人笑话你英语讲得不好，重要的是肯开口讲，迈出第一步，这才是关键。

其实我的英语说得不能算好，但是从一个没有系统学过英语的人的角度来讲，大概算是水平还可以。我觉得学英语其实是第二位的，最重要的是语感，就像唱一首歌曲一样，它的起始音调很重要，其次才是每个单词和语法。如果你第一句没找准音，之后肯定整体都会跑偏。就像很多外国人说中文，念出来每个单词都会标准的，但就是因为整体语感没有掌握好，所以听起来有些怪。所以学语言第一是多听说，第二是多背词，第三是多沟通，有了这三点就一定能把英语掌握好。

我刚去美国上学时，班里的大部分同学都是美国人，或者是英语国家来的。我在中国上学时属于班上比较活跃的，但在美国因为要说英语，所以多多少少会有一些缩手缩脚，还经常会有一些害怕自己：你怎么这么公没有勇气向前冲啊！

但是后来，经过一段时间的锻炼后情况好了很多。当时在课堂上除了学习表演之外，我就不断地和我的同学们练习英文。所以我们从第一节上莎士比亚课时的几乎一个单词都不认识，到最后汇报演出时可以演出一段莎剧。那时老师说，如果闭上眼睛，都听不出来我是一个外国人，在那一刹那我还真为自己感到小小的骄傲与自豪。

至于怎么学英语，我觉得每个人适合的方法都不一样。就拿我来说，要是正儿八经地上英语课肯定就会犯困，甚至只要一说英语老师在来的路上我就开始想睡觉，这就说明这种方法不适合我。但我是非常喜欢看英文电影，因为它会将人带入真实的环境里，通过看电影和电视剧还能了

# 致
／
# 不敢开口说
# 英语的你
# 每一个

着目机听英语睡觉，有时坐车一起出行时，大家都在聊天，他却把耳机戴在了脑袋上，说："你们聊，我听听外语。"真不是一般的有毅力。

但有一点需要明确的是：**语言只是工具，人和人交流时最重要的，还是为人处世的态度和能力。**我也见过很多人英语非常好，但是他或者没有能力，或者没有礼貌，在社会上也是处处碰壁。**语言是基础，但在此之上，你还要不断补充更多的东西。不论时代怎么变化，社会衡量标准永远是认认真真做事，踏踏实实做人。**

Yours sincerely
Meme T

解当地的生活方式是怎样的，这对语言来说也是很重要的一个基础。

看见很好的段落时，我都会把它们记下来，包括入乡随俗的一些俚语，这好坏还有一些比较流行的词汇，"标准单词"还好。还有一些比较流行的词汇，语言课本里也不会有，只有电视剧里才能学到。当然，一集美剧只看一遍没有用的，而是要反复复听，直到最后你不需要字幕都可以把里面的台词听懂并复述出来。你的英语水平就开始长进了。

如果在国外读书的话，好的语言环境会让你更容易掌握语言。但尽量不要每天跟中国同学待在一起，这可不是偏见，而是你只有多和本地人对话才能更好地学习语言和深入社会。我也见过很多国外留学回来的人，因为和我们自己人玩了好几年，所以英文也不怎么样。

学习英语永远不嫌晚，中文那么难你都能学会，何况英语呢？在这方面王先生是最好的榜样。他是个完全没有语言天赋的人，六十岁才开始学英文，学了三年后，现在都能用英文演讲了，所以年轻人还有什么借口说自己不行呢？那三年里，他几乎每天都在不停地做听、说练习，经常是戴

# 第四章

/

## 职场礼仪

"会做事"
给你的职业生涯
开个好头

# 1 低头干活，别总仰脖等着掉馅饼

在最开始做房地产项目的时候，我们成立过一个顾问公司，规模很小，只有三个人，其中一个还是兼职，但是却遭到过某世界五百强企业的投诉，因为他们觉得我们抢了客户。当时我特别想弄个画框把那封投诉信挂在墙上，证明我们的实力还挺强的，虽然人手不多，但执行力真可谓以一敌百。

原来给别人打工时，我在很多情况下会比较"自私"，觉得做一件事情一个人向前冲就好了。但在做公司之后，与之前很大的不同是，作为老板你要倾听很多人的意见。有人的地方往往就会有斗争，有些你必须要看见，有些你还要假装看不见，这都是管理学的一部分。曾听过一个玩笑：如果看到一个人有错误，你就去纠正他，但如果看到一堆人有错误，你就拿出涂改笔，往自己的眼睛里挤一挤。

创业的另一个感受是：对于一个好项目，找到投资人其实不难，但能找到跟你一起努力的小伙伴却不是一件容易的事情。如今我们的社会很浮躁，大环境不断地鼓励大家去创业，但我并不认为这是一件正确的事情，因为并不是所有人都适合创业。

创业成功实在需要有太多的因素支撑。第一，要有当领导的天赋；第二，你足够努力；第三，要有资本，包括你的人脉资源；第四，不能忽视运气。这些因素加在一起，真的是十万里挑一的成功概率。但是现在创业变成了一件人人都能做的事情，好像不去创业就不时髦。

但我真的不这么认为。如果你是一个很好的守业者，或是一个很好的项目执行人，为什么一定要去创业呢？能认认真真地将自己擅长的领域做到极致，这不也是自我价值最大的实现吗？如果你本身有一个优点，比如说写作很好，或者厨艺很好，那为什么不做好你喜欢又擅长的事情，而一定要去当经理人呢？

记得刚入行时，公司里有个快退休的负责人，他已经在这里将近三十年了。他说过一段话让我很难忘："当老板有当老板的好，打工有打工的好。老板看起来很风光，但是你知道他背后有多少辛苦？要负责全局把控，要负责大家所有的事情，因为每一个人的背后都是一个家庭，甚至是几个家庭。作为老板就要承担这个重量，把公司运营好，时刻思考在这个残酷的社会如何为公司谋取利益，良性运作。"

*与怡和集团掌门人Sir Henry Keswick（亨利·凯瑟克）夫妇*

所以我要告诉轻易就准备下海的朋友们，当所有人都准备做一件事情的时候，你就更要思考这件事情的盲目程度。我认同一句话：人数越多，道路越窄。如果你已经上了这条路，别盲目乐观，我建议你提前想好能否担负得起失败的后果。

我不习惯现在的一种思维方式，就是大家都不是在谈公司挣了多少钱，而是在谈融了多少钱。商业的根本目的是营利，并不是从投资人身上拿到多少钱。你能融到钱不代表公司就一定有希望，这只不过是大家给了你希望而已。现在我也会面对这样的情况，当和朋友聊天时他们会问："为什么不去融点资？以你现在公司的能力可以融到钱，融第一轮之后就可以接着融到更多的钱，招到更多更牛的人，这不是更好吗？"

但我觉得，如果没有从一个人开始管理，慢慢到十个人、二十个人，突然一下子融资，然后马上去管理一百个人，一定会因为步子太大扯着蛋。"怎么挣钱"我算是学会了，但是"怎么管理"我还是个初学者。所以我宁可公司先慢慢发展，也要稳扎稳打把管理这件事做好。

梦想谁都有，但现实往往是人生不如意事十之八九，大部分的事情都不是一帆风顺的，实际情况很可能是往前努力地走了十步，现实却推你倒退了三四步，然后你再往前走，它再给你推回来，双方进行长久的博弈。所以从二十二岁开始做房地产到现在，没有任何一件事情是我今天想做，然后明天就做成了的，经常是已经过了两三年，甚至是更长时间，才会看到一些成果。

特别想跟现在创业的小伙伴讲：不要只看见别的公司的神话，比如某个公司只有三十万元的资本但一下子拿到了三个亿，这种事情发生的概率很低很低。你真正需要关心的是做你喜欢做的事情、是不是真心投入进一件事情。我觉得这才是踏踏实实的人生，而不是总抬着头，等天上掉下一张飘忽不定的大饼。

## 2 带好你的态度
## 来面试，还有简历

创业之后要面对的头等大事就是招聘。面试过越多的人后越觉得，对于一个公司来说最宝贵的资源真的不是钱，因为钱自己不会创造价值，能利用它们创造财富的，还是人才本身。

对于招聘公司员工来说，我很看重的第一点是人品，第二点就是团队荣誉感。我以前的团队就有人并不会为大家取得的成绩而感到高兴，他活在自己的小世界里。如今很多事情是需要团队合作来完成的，这样的人很可能拖慢整个进度，而只有当所有人都把这件事当成是自己的事时，这个公司才能有所作为。如果所有人都觉得我就是在给老板打工，做得差不多就行了，那么即使一开始再强的公司，最后一定也会失败。

从工作能力角度讲，好员工需要具备哪些素质？很多人总结"好"是由几种要素组成的，例如三个或五个，我觉得都有道理，但这一切都是在一个基础之上，只有具备这个最基本的素质，其他才成立，那就是脚踏实地。

135

现在太多的人都浮于表面，嘴上答应的是"好的，我去做"，其实手上都是应付。人与人的智商没有太大的差异，但是能够执着做一件事情、认真地去执行一件事情的人并不多，大多数人要么就做表面功夫，要么连表面功夫都懒得做。如果我能看到一个员工执着认真地做事情，哪怕他做不成，在内心里都可以原谅他。但是我很怕面子上做得好，但是实际上很敷衍的人，这种人我不会喜欢，相信也不会有任何一个老板喜欢。

在面试的过程中穿什么衣服也必须要注意。因为你不是去游乐园，所以不要穿短裤和拖鞋，不要穿得太随意或太暴露。如果是去银行、会计师事务所或律师事务所等比较严肃的企业，最好是穿简单的衬衫、西装、西裤或西装裙，尽量让自己看起来专业且成熟一些。特别是如果刚进入社会，难免会面露稚气，职业的装扮会让你看起来更加自信。但是西装一定要买合身的，而且尽量选择冷色调的颜色，比如黑、白、灰就是最显职业素养的颜色。

但如果是去像我们这种文化行业的公司，穿牛仔裤和 T 恤来面试问题都不大，因为大家都穿得很舒服。但是一定要保持干净，至少不要穿沾有污垢或皱巴巴

**如何编写简历**

**简单清晰**

对于专业的HR来说，过于花哨的简历设计已经过时，白纸黑字永远是最方便阅读的设计，可以用表格将不同的部分区隔开来。

-

**与就业相关的信息一个**

**都不能少**

如果你正在找第一份工作，那么建议从你的实习经历、所获荣誉、掌握的技能及毕业院校这几个类别开始撰写简历，对你来说越有优势的项目就越应该放在前面。

-

**写上自己的联系方式**

在简历的最上面或最后一定要记得写上你的联系方式，包括电子邮箱和手机，这是简历的一个关键之处。

-

**中英对照**

面试一些外企或大企业时，请将你的中文简历再翻译成英文的格式放在中文简历的后面，这样做不仅可以展示出你的专业素养和眼界，也更容易在如今职场国际化的趋势下脱颖而出。

的衣服来，"邋遢"和"艺术范儿"可是两码事。

然后切记带好你的简历，即使你之前可能已经发送过电子版，也一定要带一份纸质的。因为你就是来面试的，要是连简历都不带就好像去考试却不带笔一样，会让人觉得你并不尊重这份工作。这是对面试官的尊重，也是专业度的一种表现。

简历上一定要有照片，这是面试官对你的第一印象。另外简历应该是从后面往前写，比如说今年是2018年，你要从2018年的经历写起，然后分成几段讲清楚这段时间你做了什么，学到了什么，把重要的经历写进去，包括曾经拿过的奖项等，或者比较擅长的点，都要标示出来。

简历不见得要写很多字或做得特别华丽，因为面试官一天可能要看成百上千份简历，都会有些视觉疲劳，这个时候一份简洁又表述清晰的简历，会让人看起来很舒服。

**面试前的准备工作**

**不要迟到**

面试中迟到是大忌，宁可早点到现场准备也别姗姗来迟，这样会导致第一印象就不好；另外，匆忙赶到现场就开始面试也不利于你调整自己的心情与状态，早一点到现场熟悉一下更能帮助你放松。

**提前做好背景调查**

对你要面试的公司做一些背景调查，这样当面试官问你为什么要选择这家公司的时候你才有话可说，不要只顾着完善自己的简历，对对方应有所了解，让面试官觉得你是在了解公司整体状况的情况下做出选择的。

**自始至终都要有礼貌**

一定要养成习惯，有礼貌地对待你碰见的每一个人，不管是对一起来面试的竞争者还是面试官，甚至是对面试公司的行政辅助人员都要以礼相待。把有礼貌当成一种习惯去执行，更能赢得初次见面时的印象分。学会多说"你好""谢谢""不好意思"这样的词语，会让对方对你的印象要比对那些不懂礼貌的面试者的印象好很多。

# 3 找准自己的定位，
预估自己的价码

公司之前来过一个女孩，她学过行政也学过财务，所以分别和这两个部门的负责人都进行过面试。当财务负责人问她更想偏行政职位还是财务职位的时候，她说她更想偏财务。但当行政部的人问她时，她却说她更想偏行政。结果两轮面试结束后，大家对她的感觉非常不好。

首先，你要清楚自己想要做什么。模棱两可的答案很可能会让面试官觉得你不靠谱，或者太油滑。作为社会新鲜人你可能想要得到一次工作机会，虽然你的真实想法可能是"不管最后什么职位，只要最终能面试上就成"，但也应该做到有主次顺序。比如，你可以说第一志愿是××职位，第二志愿是××职位，这样面试官自然会帮你安排最合适的职位。

所以上面这个例子最合适的回答是："我的志愿可能更偏财务一些，但自己现在对这块儿懂得也不是很多，目前来说并不是很擅长，不过我个人的兴趣在这上面。可如果有行政岗位给我，我也完全可以接受并认真干。"

对于工资问题，我曾碰到过一些新人，他们会很计较挣多少钱，这个我能理解。但是讲真心话，如果你真的认为这个公司很好，这个项目也很好，并且还

139

能从中有所收获的话，那么你最应该在乎的不是现在到底是每个月多了两千块还是少了两千块，而是未来能够从中得到什么。你应该把目标定得长远一点，因为跟未来会挣到的钱相比，这几千块钱真的是九牛一毛。如果你有机会进入一个很好的项目并且去执行它，它未来给你的回报可能是现在收入的十倍甚至百倍。

现在很多职场新鲜人在一个公司待上一年就算时间长的了，但我真的觉得如果在一个公司待不到三到五年，很难跟团队产生一种信任和默契，很难拿到一个公司的核心资源，也很难真正了解这个行业的发展脉络和未来趋势。记得当初在做地产时，我真的是老老实实在一个公司认真地做了五年，而且是在两三年之后才开始摸到了门道，然后才开始渐渐感觉自己收获无穷。但是现在大多数人都太难让自己静下来，太急于求成，这真的不好。年轻时还是应该踏踏实实地去做一些事情，知道目标，定下目标，着手去干，不要太计较眼前的得失，确确实实能学到些东西，才是比工资更大的财富。

## 面试技巧

**01**

不要正对着面试官坐，因为这代表一种攻击性。如果椅子能挪，尽量微微侧一下椅子，但也不能太侧，否则会让人感觉你不够自信。

-

**02**

最好跟面试官保持同一个姿势。比如，他双手放在下面，你也可以放在下面，但是要比对方的态度或气势稍微弱一些。

**03**

有的面试可能是几位考官坐在一起，其中最重要的人会坐中间。但不要一进来就盯着最重要的人看，然后不停地跟人家点头示好，旁边的人却一眼都不看。应该逐个以点头的形式微笑示意。点头幅度不要太大，轻轻点即可，或者以眼神传意，但每个人都要做到有交流。

-

**04**

如果被问及工资期许，不要害羞，更不要扭捏，直接说

出心目中的数字。但应提前做一些调查，即这个职位在同等级环境下的平均行情，不要过高也绝不要过低，因为这可是关乎你生存的关键数字。

-

**05**

如果想尽可能地表达诚意，可以这么说："我愿意公司根据内部的薪资水平来帮我调整，我也相信公司一定会给我一个合理的数字。"这既表达出了自己的意愿，也留下了回旋的余地，增加了面试成功的概率。

# 4 五个"不等于"
# 告诉你
# 办公室真相

在正式"入驻"办公室后,不要一上来就搞得跟所有人都很熟的感觉。因为你并不了解每个人的性格,"太热情"反倒会留下隐患。举个例子:一开始你可能觉得这个人还不错,但是后来发现人品一般,然后再开始疏远对方,双方都会觉得别扭。

我不是一个特别善于跟人套近乎的人,也不是一个善于一上来就特别热情的人,当来到一个新的环境时,除非必须要跟所有人认识,否则我都会比较慢热。读书时也一样,一开始我会先观察每个同学,摸清每个人的性格和脾气,要是我比较欣赏的,可能就会多来往一点儿,如果不喜欢,就少来往一点儿。

而且不管在哪儿我都不赞成拉帮结派,比如说你是 A 派的,我是 B 派的,弄得好像大家不是来工作的,而是来拜码头认兄弟的。但当然有人的地方就一定有斗争,只不过是看斗争的大小和程度。我的原则是有些东西一定要看见,以防被无辜地卷进去,但是绝不参与,因为这是浪费时间和脑细胞。

我上大学的时候因为生病没有参加军训，所以晚了两周才和大家认识。然而这段时间同学之间是最容易成为好朋友的，所以从一开学我就明显感觉和其他人有一种距离感，相互都比较陌生。

当时发生过一件事：在一次表演节目时，需要往道具墙上贴装饰品，同班有一个同学有，而我没有。她是第二个上场，我是第四个上场，所以理论上她表演结束就可以借给我。我问她："能不能借我一下？"她马上说："你为什么不自己准备好？"没办法，我就只好去隔壁班借。

借到之后，我把那面墙布置得特别好。但表演结束拆道具时，我突然发现借来的这个饰品竟然没有了，找了一圈之后才知道原来她后面还有一个作业，所以就把我的拿走了。她发现我知道了，就很不好意思地问我："这个可以借给我用一下吗？"如果是小孩子，当时心里可能就会想：你刚刚都不借我，现在凭什么借你？但是我这个人从小心就比较大，不爱跟人计较，也就同意了。这样几件事下来，我的人缘也慢慢变得越来越好。

俗话说"君子让人"，尤其现在大家多是独生子女，更应该多一点儿谦让和互助。大家待在公司的时间可能比跟自己的父母相处的时间都多，办公室是日常生活中待得最久的一个场所，为什么不把这个氛围弄好一点儿呢？

此外，如果同事之间因为一件事情处理不好，突然发火吵架也是很正常的。但有一个原则，就是要牢记对事不对人。

我和我的律师以前也吵得很凶，她说过一句狠话："我告诉你，不管谁批这个钱，我都不会批这个钱！"我说："我也告诉你，我以后不管找谁，都不会找你！"那时我俩真是拍桌子吵得不亦乐乎，但过后我会站在她的立场上思考，可能她做得并没有错；她再站在我的立场上想，可能我也没有错，无非是大家各司其职而已，并不是所谓的人品和原则问题。

如果觉得对方做得不好，但又不是很大的一件事情，你可以找机会当面和他聊聊，比如大家一起喝个咖啡聊一聊，你可以说："作为同事大家相处得不错，但我可不可以提一个小小的建议，你听听合不合理。"

但是，无原则与无条件的"随和"却不是真诚，而是一种不负责任。比如很多人在听见一个不认同的观点时，有时会顺着说："哦，对呀，那这么办也行。"我很不喜欢这种行为。如果你不认可，可以不说话，但是没必要去说一些假话或者恭维的话，这会让人觉得虚伪。当你确定自己的观点时一定要保持，如果与同事和伙伴在工作意见上发生分歧，一般我都不会敷衍。

**遇见"八卦局"怎么破**

与你无关的事尽量不要听。

-

如果躲不掉,尽量不要发表

看法,尤其不要在背后议论
别人。

-

如果必须说话,请用别的话
题尽量岔开,如可以聊电
影、演员、时尚等。

**工作中切记"五个不等于"**

**01**
协商 ≠ 敷衍

-

**02**
认同 ≠ 附和

**03**
真诚 ≠ 妥协

-

**04**
好人 ≠ 好好先生

-

**05**
待人圆融 ≠ 见风使舵

# 干净是
# 最好的妆容

如今女生一般都不会纯素颜去上班，即使不化妆也会简单地擦点油、扑点儿粉，毕竟谁也不愿意自己的脸还起着皮就出来见人。所以如何在办公室让自己看起来既美丽又不失分寸就显得很有技术含量了，化妆和穿衣搭配一样，也已经成为"职场人"的一项必修技能。

我人生中接到的第一个商演是某手表品牌的活动，那年我十六岁，去面试这个活动代言人。当时上海的很多模特都去面试了，我一到现场就心想完了，因为那时我不会化妆，就穿了一个红色的连身毛裙，扎了一个简单的马尾辫，素面朝天。但品牌负责人最终却选了我，后来才知道，品牌想展现的就是青春和朝气的特点，而不是那种成熟艳丽的感觉。

做演员之后，也有过很多试戏的机会。起初我也会模仿其他演员的化妆技巧，但效果一般般。后来有位前辈说了句话，给我了很大启发：很多导演最看重的是你素颜时的真实模样和气质，而不是浓妆遮盖后的。

创业后，我面试新人时也渐渐感觉到，面试官最看重的也是一个人质朴的气质，而不是外貌、衣着和举止方面夸张的感觉。

曾经有一个女孩来面试，一面之后，人力资源经理对她的印象特别好，人也很朴素，给人感觉做事挺稳重的，我说那很好啊，要是最后一轮面试的时候没问题就录取她。可没想到最后一天她来的时候，涂了个红得都要发紫的口红，粘了个超大的假睫毛，化着非常浓的妆就坐到了我的对面。

喂喂喂，说好的朴素呢？结果可想而知。这可能是因为她把最后一面看得很重，所以化妆上也就用力过度了。对于初入社会需要面试的各位，尤其是女孩，还是让自己看起来干净整洁最好。

**怎样遮盖痘痘**

**01**
选择与底妆颜色相近的遮瑕膏，一般来说遮盖黑眼圈的遮瑕膏应该质地偏水润，以避免眼下皮肤产生干纹，而用来遮盖痘痘的遮瑕膏则应该是膏状的，这样遮盖力更佳，且不容易脱妆。

-

**02**
用手指蘸取遮瑕膏轻点在痘痘上，然后将它晕开来，要注意与粉底的衔接一定要自然。如果你的痘痘已经开始结痂，那么建议要用两个手指先将遮瑕膏揉得薄一点后再涂在痘痘上，因为针对结痂的皮肤，如果将太多的遮瑕膏涂上去，很可能会没法抹开来，同时还会卡在缝隙里。

-

**03**
最后用粉饼或散粉定妆，同时也可以均匀遮瑕膏与底妆的颜色界限。

"干净"是新鲜人的首要法则。但这也不是说完全素颜不化妆，而是应以淡妆示人，会显得皮肤很干净，整个人也很精神。除非是要参加晚宴或很隆重的聚会，可以涂相对颜色深一些的口红以示隆重，否则在正式的社交及职业的场合，一定要尽量让自己看起来自然。

简单修饰是适合所有人的做法。假如你不会化妆，就尽量只用基础的修饰产品，肯定比多加各种妆要效果好，"清水出芙蓉"这句话还是蛮在理的。女孩在十七八岁时，往往喜欢染各种颜色的头发、化大浓妆、粘假睫毛，但相信等过了这个时期你再看自己，一定会被狠狠地吓一跳。

我平时出门一般就擦个防晒和淡色润唇膏，如果有正式会面的话，可能会再加一个睫毛膏和粉底，可以显得眼睛比较有神，睫毛膏一定要选择防晕染的，因为它在眼睛下面晕开其实是很尴尬的一件事情。而且化妆一定要在白色的灯光下或者自然光下，这样你的眼睛看见的效果才是最真实的。在暖光源下或者光线昏暗的地方很容易化得太浓，很可能会吓到别人。

粉底是化妆的关键，在脸部使用面积最大的产品就是粉底，所以一定要挑选最适合自己的颜色。粉底颜色的选择因人而异，亚洲人很多喜欢将自己涂得很白，但也有很多白皮肤的外国人更喜欢小麦色，所以这没有标准的定式，只要化妆后的皮肤看上去清透和涂抹均匀就好，不要以一张"大油脸"示人。

**如何将彩妆颜色与你的服装做最完美搭配**

彩妆的颜色没必要与你的衣服完全呼应，因为对于职场新人来说，最好使用不跳跃的基础色彩妆，尽量以化淡妆为主，简单干净的颜色与任何颜色的衣服都会相配。

在化妆前还一定要做好防晒，它不仅关乎你的肤色，还会影响皮肤的老化速度。我觉得不管春夏秋冬，只要你出门就都应该擦防晒霜，擦完后如果你的皮肤基础比较好，只要再擦些薄薄的气垫粉霜或润色面霜或BB霜就可以了。但是如果皮肤质感稍微差一点，可以用略有遮盖力的粉底液或粉霜，然后再用些遮瑕膏遮掉痘痘和斑点。

现在空气污染很厉害，环境中很多种污垢都对皮肤有损害，所以晚上一定要好好卸妆，接着再用温和的洗面奶洗一遍。如果是中性或者干性皮肤，尽量用无泡的洁面乳，不会过度刺激又能有效保护皮脂膜。要是属于油性皮肤，最好还是选择泡沫洁面乳，以便更好地清洁掉油脂及污垢。同时，洗完脸之后要立刻擦保养品来避免水分流失，特别是对于年轻人的皮肤来说，保湿是应该被放在第一位的，给皮肤太多的营养反而不好，让皮肤"吃得过撑"真的没啥好处。

**当皮肤状态不好时
你该做什么**

**01**
检讨自己是不是疏于护肤，或者选择的护肤品是否正确。

**02**
要想拥有好皮肤，最基础的护肤品你至少应该拥有几个：卸妆油（乳）、洁面乳、眼霜、保湿霜（乳）、防晒霜。这些都属于必备的基础型护肤品，缺一不可。

**卸妆油（乳）：** 帮助你卸掉防晒霜或者彩妆，有些防水的彩妆或防晒霜你是没办法只用洗面奶就洗干净的，如果不用卸妆产品，很容易导致毛孔堵塞。

**洁面乳：** 保持干净皮肤的关键之所在，建议你早晚都要仔细用洗面奶做清洁。

**眼霜：** 眼部是很容易衰老的部位，早一点使用眼霜对预防眼部老化大有好处，千万不要觉得自己现在年轻没必要使用它，等到你的眼纹和眼袋出现后，你想哭都哭不出来了。

**保湿霜（乳）：** 帮助皮肤锁住营养与水分，保持皮肤湿润的必需品，是你每天护肤的最后一步，如果你对皮肤有更高的需求，也可以在前面增加爽肤水和精华这两个步骤。

**防晒霜：** 一白遮百丑，一黑毁所有，要想皮肤不变黑，每天涂抹防晒霜是一个非常好的习惯。同时，防晒霜最奥妙之处还在于它可以最大限度隔绝导致你老化的UVA射线，帮助延缓老化。

# 6 谈钱别伤感情，
谈感情别伤钱

人与人之间难免有些金钱往来，不论同事、朋友，还是亲人之间，处理得好能让大家的关系轻松又长久，所以如何处理金钱关系是很重要的，也是很讲究技巧的。

如一个常见的话题：如果身边有人朝你借钱，借 or 不借？

曾经有个发小朝我借钱，我们俩十四岁就认识了，关系很好。她说要买婚房，但钱上差了一些。对于这种人生大事，作为朋友我当然要出一份力，但那时我俩经济条件差不多，我手头也不比她富裕。于是我就想了一下，借鉴了钱锺书的一个办法：如果有人借十万元，在必须要借的情况下，就"打个折"借五万元，钱也不用还了。于是我就按照一个心里预期的数值把钱借给了她，也跟她明说这钱是不用还的，就当是结婚的份子钱。

我也碰见过同事找我借钱。但如果不是很近的关系借钱，处理不好很容易产生矛盾，从长远的角度出发，在某种情况下直接拒绝反而更好，学会拒绝也是一种礼貌。所以我就说："不好意思，刚好我也要拿这些钱做些事，对不起，这次借不了你。"

如果与自己的朋友有一些生意上的合作，我一定会拟定一个合同，在这点上我非常西方。虽然有时候口头的应许就是同意的意思，但合同还是非常重要，"契约精神"可以避免很多麻烦。中国人对开口提钱的事都不太好意思，反而容易造成后续的纠纷甚至撕破脸，所以就应该提前把条件都说好，如归还时间、方式、利息等，写上借条，把复杂的事情简单化。

我有一个很好的朋友，人品非常好。有一次一起做一个项目，开始之前我们就讲好了怎么分配收益，也签了合同。在做的过程中，我的工作量比较大，但实际上他起到了非常关键的作用，因为没有他可能这个项目也不会开始。但他一直觉得自己好像没干什么事儿，就跟我说他少拿点儿，我多拿点儿。对此我坚决反对，坚持应该严格按照合同做事，契约就是用来遵守的，而且谁在情感上都不会有太大负担。

**为什么要AA制**

AA制是现代社交中不可或缺的一种文化，因为现代社会大家都相对独立，除非有庆祝或特别的纪念日（如生日），AA制最能体现公平并让大家能够以更合理且舒适的方式相处。

-

AA制对于刚入社会的年轻人来说，是一种最没有负担的社交习惯，因为社会新鲜人赚的钱肯定有限，AA制能减轻大家在社交时的经济负担。避免朋友之间因为金钱产生嫌隙，AA制是最平衡的做法。

-

AA制与谁钱多或谁钱少没有关系，这是社交上的一种公平的体现。

当然，这是很美好的一种争论，但也有的生意伙伴不守诚信。而对待不守诚信的人，合同就更加重要了。

有一次在国外吃饭，有一个女孩是朋友的朋友。她点了很多东西，为了照顾朋友的面子，我也做好了埋单的准备。当时我还是蛮不好意思说要 AA 的，觉得会显得自己小气，但结账时那个女生非常明确地说："必须要 AA，第一次见面我不能让你来给我花钱，所以我点的东西自己来埋单。"虽然后来没再见过她，但这个女孩给我的感觉非常独立，做事情也不会占别人便宜，这样的人往往在社交中更容易受到青睐与尊重。

咱们国家是个"人情社会"，可能有些关系特别铁的朋友间没有 AA 的习惯，谁请谁都无所谓。但如果同事之间吃饭，大家说好 AA 的话，就应该坚持这个原则。

另外还要提倡一点，就是如果是真正的好朋友，大家出门时，偶尔吃亏一点儿是无所谓的，比如你经济条件确实比她好，你多照顾她一些是好事，谁多付点儿钱或者谁多承担一点儿其实并没什么大不了。

**哪些场合、与哪些人一起时最好AA制**

与朋友之间一般都应该AA制，除非是因为庆祝或纪念日而被朋友邀请，或者在约会前就已经说好这次谁埋单。与同事、同学之间也应该采用AA制。

-

第一次约会时可以采用AA制，或者你和对方轮流埋单。

-

在商务关系中，最好不要采用AA制，一般主动邀请的那方应该负责费用。

朋友，打开这封信，我要先问一个问题，今天，你打卡了吗？

新鲜人入职之后，一个经常要面对的词就是"加班"。但在我看来，"加班"这个词又有时并不算很准确，因为如果很喜欢做一件事的话，就不会太计较时间，也就无所谓"加减"。我原来打工的时候还有一点儿"节日抑郁症"，一到过节就发愁，因为放假就没有事情可干了。说实话，人活到七十多岁也不过两万多天，我特别希望每天都能活得很充实。

我是姥姥带大的，她是对我最好的人，小时候如果好好吃的她一定会留给我。但就是这样一个让我当心头肉的人，在我还没有能力报答她的时候去世了。当时我真的有"子欲养而亲不待"的痛感，甚至现在也会经常做梦梦见她。在梦里我会一直抱着她哭，可能是因为潜意识里有种很强的亏欠感，所以后来我就一直有希望能报答身边所有的亲人，能让他们都过上好日子。

我是一个从普通人家走出来的女孩，没有很强的背景，能一步登天，能一下子赚很多钱，所以除了执着，努力，吃苦以外，也没有其他捷径。而且我

妈妈身体又很不好，我总怕万一她要是不在了，我再有钱又有什么用？所以我就希望能努力工作早点儿赚到钱，也从来没有一次认为加班是被动的。

长这么大我基本上就没去过几次KTV或者其他娱乐场所。这些年我除了在自家就出去谈工作，每年可能还会和好朋友或公司的小伙伴们唱两次歌，这就已经是很难得的娱乐了。每个人一生的时间都是有限的，同样是每天自己会利用的时间有多少，老天爷特别公平，你花多少力气在工作上，不一样的是每个人一天都有24小时，老天爷特别公平，大家都是看得到的。这种东西会成为一种习惯，我相信"天道酬勤"是放之四海皆准的。

**你为什么不把加班理解成为一种加油呢？在别人偷懒的时候，在别人放松的时候，你还在小跑，还在"抄近道"，我会觉得这没有一种快感，会有一种比别人强的自信。**我不能说超越了百分之百的人，但至少在同龄人当中，我就算跑得快的。你要相信，你的每一分钟付出都会给你回报，无论什么时候。你找到的每一个方向，无论要一直向前走，又何必计较其中付出了多少血、汗和泪呢？

致
／
每一个正在
加班的你

152

对来说算早会了，当然对我也是一种很好的锻炼。举个例子：因为公司规定所有花出去的钱都要有票据，结果有一次我去喝一杯果汁时，服务员跟我说要三百块，我马上就问："为什么那么贵？你有没有发票？你有发票我才喝，没有发票我就不喝！"其实，很多看起来很小的事情都会成为管理者的压力，所以现在我还经常梦到关于公司的事。包括前几天晚上我还梦见团队要去深圳考察一下，有个在职员跟我说要生二胎了，还有个在职员要离职了。但是有苦必然也有乐，创业过程中我最难忘的一件事情是去年过生日的时候，团队的小伙伴们趁我不注意的时候发了一个视频。那个视频是他们趁我不注意的时候精心准备的，包括在我背后放生日卡片，我平时对反应速度还是挺快的，但他们做这些时我完全没有意识到。所以现在在看到视频的那一刹那，我特别感动，忽然觉得自己是在被爱着的，不论平时多么辛苦，只要和这家伙们在一起，都是值得的。

之前在公司打工那会儿，你知道我周末最常干的一件事情是什么吗？那时候我负责烂尾楼项目，每到周末我就会满北京地找哪儿还有烂尾楼和闲置的建筑工地，然后赶快了解一下背后到底是什么情况。尽管没人催，但是我知道自己刚进这一行没有任何资源，想多掌握一些信息就只有靠自己。第一个项目不行那就找第二个，第二个不行就找第三个，这样一路找下去，到后来几乎全北京哪儿有烂尾楼我都知道，它的背景是什么，停工是为什么，当时底价是多少，我自己就是一本行走的小词典。这些经验也为之后的生意之路做了很好的铺垫。所以只有做一行爱一行的时候，你才可能做好，老板才会知道你对公司到底有何种程度的帮助。

另外，随身准备一个备忘录，把当天要办的事情都记在上面，甚至今天要和谁打电话讲哪几件事都仔细写清楚，这些都会提高你的工作效率。我有一个绰号叫"效率姐"，这就是我的秘密武器。我没有任何过人之处，智商也不比任何人高，但是这个方法让我做事更加靠谱，所以隆重推荐给大家。

由于工作室目前刚走上正轨，现在凌晨两点多睡可别太计较你花了多少时间在公司，更应该在乎你学到多少本领。

与你一同奋斗的

Meme T

# 第五章
/
沟通礼仪

## "会说话"
## 让你事半功倍

与美国演员Kellan Lutz（凯南·鲁兹），
代表作《大力神》《暮光之城》

# 1 合同甩到脸上时，别发火，去给他买个菠萝包

有一次谈判我记得很清楚。

2008 年，集团在做一个地产项目。我那时的职位是第三方公司的顾问，工作就是协调客户关系，帮助大家把项目谈成。因为涉及的金额很大，一个项目至少几个亿，而且本来我们买的就是散盘，对方如果不把整体开发好，这个楼盘就没法继续做，所以我们这次谈判的目的就是希望全盘买进。

我们的律师很年轻，提了一个条件，对方是位久经沙场的年长律师，有些傲气，他觉得无法接受这个条件，居然把文件直接甩到了年轻律师脸上。其实我知道他不是有意想羞辱我们，只想在气势上占个上风，但扔过来的时候确实就阴错阳差地甩到了脸上。当时场面异常紧张，一场"肉搏战"似乎一触即发。但没想到我们的律师很有风度，不仅没有拍案而起，还跟对方说不要这么大的火气。这让我们所有人立刻对他刮目相看，为了大局可以不计较小节，这很不简单。

对方抓住我们的一些条款不放，态度很强硬，但从理性角度讲我们也不能妥协，所以"打脸风波"虽然没引发大战，但双方还是就细节问题争得一塌糊涂，以致会议都不得不暂停一会儿，好让大家都稍微冷静一下。

休息的时候，我下楼买了些黄油包、菠萝包，然后拿上来分给大家吃。吃的时候对方还有些不好意思，我说："没关系，大家随便吃，不用给钱哈。"有时候人就是这样，吃了别人的东西，嘴上多多少少就会客气点儿，所谓人之常情嘛。

当下午再次进入议题时，我开玩笑说："你们刚才吃了我的菠萝包，所以得让着我们点儿。"这当然只是一个玩笑，但确实也缓和了一些剑拔弩张的气氛，让对方感觉到其实我们也只是就事论事，在工作以外，大家都是很友善的人，这也对最终的结果产生了一定积极影响。

后来有人说这是一种"心理攻势"，但我买菠萝包时其实没想那么多，只是觉得大家一直都在很辛苦地谈判，从早上到晚上，中间难免会饿。而且我听说吃甜的东西会让人心情好些，在不涉及原则问题的前提下，多少可以让大家的心情都放松一些。

## 谈判的关键态度

**01**
倾听是理解的关键，谈判时你不光要善于表达观点，更要学会认真倾听对方的需求和建议。

-

**02**
观察是了解对方行为信号的关键，要学会通过观察对方的状况来了解谈判的尺度把握。

**03**
了解问题，不要在立场问题上讨价还价，因为这种争论会达成不明智的协议，并危及持续合作关系；立场上的博弈应成为一种意志上的较量，而非争论的核心所在。同一方的谈判人员应将自身看作是同一战壕的战友，而非各抒己见的辩论手。

-

**04**
就问题本身展开攻击，而非谈判对手，不要将谈判变成

互相指责的辩论会。

-

**05**
为达成一项解决方案，常常需要改变策略，所以你需要根据实际情况来展开谈判。切忌不考虑实际、不懂变通地谈判。

-

**06**
谈判人员就是问题解决者。谈判目标是以高效、友好的方式达成明智的谈判成果，而非通过唇枪舌剑来争一个输赢。

## 如何进行商业谈判

**01**

谈判的特点在于程序上的不确定性，因此，你必须要提前考虑出一个替代的方案或条件，以备不时之需。

-

**02**

谈判开始前，重要的是取得谈判的控制权并占据主导地位。最有效的谈判专家很少会主动出击，但一旦他主动出击，其谈判立场相对于对方来说更难动摇。

-

**03**

除非能够确保某种让步行为能够获得回报，否则，优秀的谈判专家永远不会在任何一点上做出让步，并且始终会根据需要，花费尽可能多的时间考虑所提建议。建议一定要合理且能兼顾双方的利益，否则很容易让谈判从一开始就陷入胶着。

与法国前总理Jean-Pierre Raffarin
（让-皮埃尔·拉法兰）

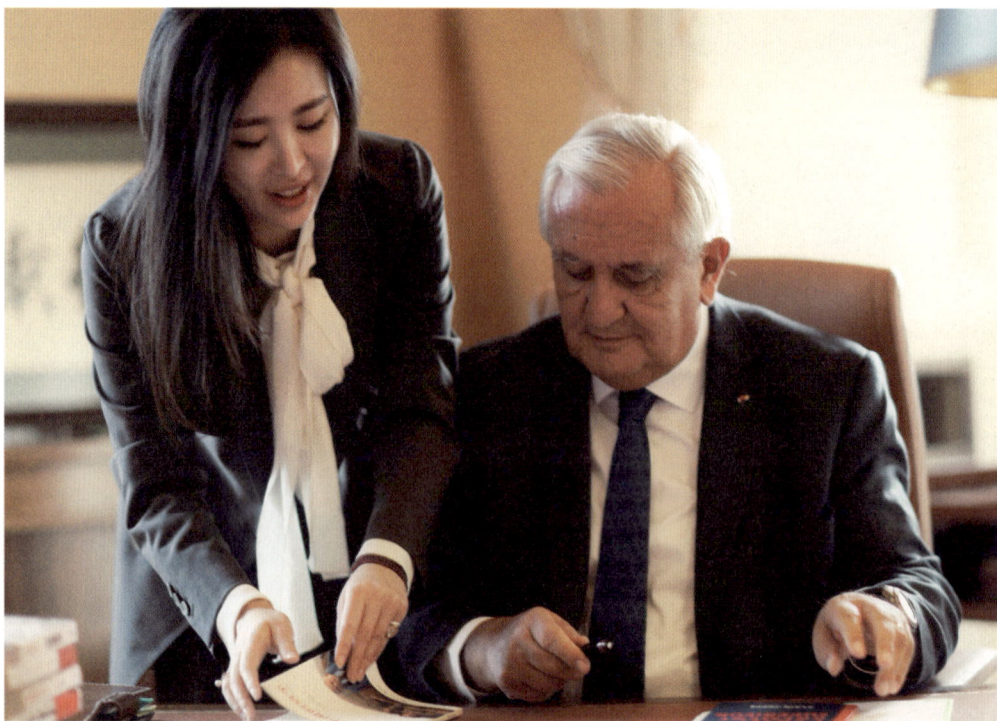

与法国前总理Jean-Pierre Raffarin（让-皮埃尔·拉法兰）

这次谈判对我来说最大的收获是真正学会了看合同。在做演员时，经纪公司拿一份合同给我，让我在上面签字，我的想法是直接在"乙方"处签就可以了，根本不会仔细看合同条款，也不知道它们是干什么用的。可在这次谈判中，因为合同很重要，内容也很多，大家都怕错过任何一个字，所以在那一个月时间里，我们就把合同用投影仪投在墙上，每个字都变得很大很大，十几个人每天从早看到晚，我也跟着这个"速成班"学了一个月。

另外，在谈判过程中，我还真正体会到了其中的艺术，比如你要知道什么是可以妥协的筹码，什么是不可退让的底线，这点非常非常重要。

160

# 谈判就是
# 跳探戈

如今谈判变得越来越重要，因为大家获取信息的渠道更多，思维方式更开放，所以对于一个项目的商业考量也就更多元。我个人很喜欢谈判，因为这是一个双方博弈的过程，斗智斗勇，感觉就像参加了一场"桌上的体育比赛"，颇有竞争的快感。我小时候的第一次"谈判"是拿自己积攒的贴纸和小朋友换，相信大家也一定有过类似换玩具的经历，你想要她的，她想要你的，想尽办法说服别人答应你的条件，各取所需。

最近读到一个真实的故事：

纽约市前市长迈克尔·布隆伯格在开始创业时，每到一个谈判的地方，都会提前买一杯咖啡，再买一杯茶。他说这样如果客户要喝咖啡时，他就把咖啡递上，但如果对方不喝咖啡，他马上就递上茶："那么您或许愿意喝这个吧？"如果把他的例子用到实战，就是在见到客户前要把能准备的资料都准备好，这样在聊到一些具体问题时就能应对自如，也会让客户对你的职业感有一个好印象。

布隆伯格还有一个过人之处是不论走进哪座写字楼时，都会主动跟大门前的保安握手。他认为商业项目开始的前提是"保安能放你进去"，所以先跟他们搞好关系，就等于有了一个好的起点，这叫"伸手不打笑脸人"。

这两件事也说明每一个人的成功都不是偶然，都是因为有一些超于常人的思维和前瞻性。

谈判的过程就像跳探戈，双方在踩中自己步点的同时，还要照顾彼此的舞步，因为大家出来谈判不能一根筋地只考虑自己的诉求和收获，好的谈判一定是双赢的结果，一方输的局面很难将项目真正推进下去。

商场如战场，但探其根源，两者本质上也有所不同：战争是"征服"的艺术，谈判是"妥协"的艺术。当你跟客户或同事出现意见不合的时候，最好先听对方说完自己的意见，不要轻易打断，让参与的每个人都能表达出自己的观点。然后任何问题都能找到它的平衡点：你认为这件事情可以做到90分，我认为这件事情只能做到70分，他认为这件事情必须要做到80分。很简单，把大家期望的值加起来，得到的平均数就是最容易平衡各方利益的关键点。

我在谈判时首先会考虑对方的诉求是什么，然后哪些条件是自己可以妥协的，哪些是绝对不行的，整个过程要头脑清晰，考虑周全，不能谈到最后心里乱了。

**学会区分对待谈判对手与问题**

对待谈判对手需态度温和，你对他们的态度左右着他们对你的看法及达成协议的结果，对待他们应该像朋友而不是敌人。对待具体问题，态度强硬，这就是所谓的"对事不对人"，具体问题是谈判成功与否的关键。谈判过程不依赖于任何信任感，就算你和对方关系再好，在谈判桌上也不能完全依赖对方，而应该有自己的主见。

-

注重利益，而非立场，双方的所得利益分配才是谈判的关键之所在。探求利益，尽量在双方满意的前提下多为你这方争取更多的利益。

-

避免触及底线。谈判对双方来说都有底线，所以合理的利益分配更能不触及对方和你方的底线，让谈判取得最好的结果。

## 如何处理谈判僵局

**01**

学会情绪管理。在谈判过程中发生激烈争执时，情绪的管理可能比话语更重要。无论多么困难，都要在谈判期间努力保持彬彬有礼的态度。

-

**02**

总结当前的进展并记录达成一致的领域，从这些领域中寻找双方都会满意的突破口。

-

**03**

在谈判之前做好备选方案，在必要时提出有益于双方的新方案。

-

**04**

如有必要，暂停会议，要求召开"非正式"会议，在会议上大家可以提出更多有利于达成协议的条件。

-

**05**

寻求双方之间可以相互作为交换的问题点，考虑改变最终协议的性质。

**06**

更换谈判人员，可以采用第三方协调人。人员的更换往往也会带来不同的考量，在谈判胶着情况下有利于结果的产生。

-

**07**

当复述自己所理解的对方的讲话内容时，要站在他们的立场积极表述，明确对方观点的优势，这是一个变被动为主动的谈判技巧，会让对方觉得你们是在进行有效的沟通。

-

**08**

在很多谈判中双方都会长篇大论地分析、谴责对方的动机和意图。但是从对自己造成的影响方面来说明问题，要比从他们的意图或原因方面来说明该问题更有说服力：使用"我感到很失望"而不是"你们说话不算数"这类的表述，避免让对方觉得你的回应充满针对性。

-

**09**

保持良好势头或加快谈判的一种方式是向对方施加压力，如设定截止日期、压缩对方决策的时间。

**10**

截止日期有些是真的，有些可能是假的、无意义的。如果能学会辨别出这两种不同类型的截止日期，就能防止主动权转移到对方手中。

-

**11**

学会识别上述两种类型的能力源于经验，包括学会观察对方的眼睛和肢体信号。例如，了解他们之前是否声明过截止日期，随后又轻易地延长或改变。需要注意的是，大多数截止日期都没有看起来那么十万火急，都比看起来要灵活多变。面临任何一个截止日期时，你都应将其放到以下情境中进行考虑：如果过了这一截止日期，会有怎样的后果？后果到底会有多严重？他们是否在虚张声势？谈判是否会真的就此终止？

-

**12**

关于时间需要记住的另一点：一方在时间上投入得越多，就越不可能在几天、几周、几个月的努力后无果而终，空手而归。在谈判桌上让对方投入的时间越长，你就越有可能达成协议。

# 没有一通电话解决
# 不了的事。
# 如果有,就再打

我在做项目时曾遇见过一个领导,他的脾气非常不好,会随时把你的电话"嘭"一声挂掉,很伤人的自尊心。公司里没有人愿意跟他通电话,更没有人愿意跟他面对面谈事,可他又是主管我们项目的唯一领导,如果不找他就没人能办。

当时所有人都跟老板说:"咱们不要再做这个项目了。"但其实大家心里清楚,如果终止合作,之前的努力也就白费了,这个损失无法估量。所以我就想,既然已经这样了,要不我去试试吧,大不了也被训一顿呗,于是就跟老板主动请缨来打这个电话。

电话拨通后,我直接跟他说:"您别生气也别发火,请先听我把话讲完。"往往在对方发火时,这句话是很管用的,能够有效稳住对方的情绪,但他就是不吃我这套,还是一如既往地发"霹雳火":嘭!我也有自己的尊严,第一次被一

## 如何正确地
## 打电话

### 01
将电话线另一端的人视为和你在同一个房间，这可以让你们的谈话变得更加亲近且有现场感。

-

### 02
打电话就像访问一样，需要先向对方介绍自己是谁。就算不在对面，也务必做到礼数周全，并在开始和结尾使用问候语和感谢词。

-

### 03
接电话就像接待访客一样，要耐心地询问对方打电话的意图后，接着进行下一步，切忌对方还没说完一句话就随意打断，或者在结束后不说再见直接挂机，这会让对方觉得你不够礼貌。

-

### 04
让电话呼叫者等待就像要求访客在门口等待一样，请耐心地告诉对方需要等待的时间，并且以尽可能快的速度给对方答复。如果在当

时对方的需求没法得到解决，那么可以告诉对方等多久之后重新拨打电话可以获得答案，甚至是留下对方的电话号码等信息，然后帮忙处理后再主动联系。

-

### 05
留下一条消息后，要明确告知你的名字、所属公司及所有的诉求，不要因为没有和你想联系的人直接通话就对礼仪有所马虎，记得留下感谢的口信。

-

### 06
接收消息就像接待另一个人的访客一样，学会正视每一个给你留下信息的客户或工作伙伴，认真对待对方的诉求，千万不要因为只是留下的信息而怠慢，工作无小事，任何一个会留下信息给你的人绝对都不是没事找事。

-

### 07
打电话需要注意时间点。过早或过晚（9：00—21：00以外）不要给不认识、不太熟的人或者工作合作伙伴

打电话，这属于私人时间，除非特别紧急的事务，否则对方原则上没有义务接听你的电话。

-

### 08
如果你们已经认识，担心会打扰到他，可以反过来问："现在我跟您说这件事是不是不方便？我隔两个小时打给您可以吗？"这样对方只需要回答"是"或"不是"就可以了，同时你也表达清楚了你的需求。

-

### 09
打电话应做到井井有条，先说最重要、最紧急的事情，如果是工作电话，开门见山地说有几件事。

-

### 10
当给领导打电话时，打之前就要想好说什么，因为通常领导很忙，不会在电话里消耗太多时间。老板看重的只是结果，不需要了解太多的过程信息，因为过程的细节他自己可以想象，不会因为你没说而抹杀你的努力和贡献。

个人这么挂掉电话心里当然是很不爽的，但换个角度想，这件事还得沟通啊，不能就这么不了了之啊，于是就硬着头皮接着打。我觉得他这样做是为了表示自己的强大气场，但越是这样我也越不能输，反正我是很有耐心的人，只要一直打，他早晚应该有松动的一刻。因为连续发脾气他自己也累啊！

于是我就不断给他打，他再摔我就再打，每隔两三个小时就给他打："您好，请您听我说完行吗？您不要再挂我电话了，全公司就只有我敢给您打电话了，再挂的话连我也不敢给您打了，请您给我个面子吧。"最后在不断的坚持下，他的口风终于变成了："行了行了，你要说什么就直接说吧。"

这不是我脸皮厚，而是沟通中的一种技巧：通过耐心和诚意获取一些对话的机会。

现在大家基本都是"电子达人"，电话和电脑玩起来得心应手，现代技术也从根本上改变了办公思维，但工作通信和日常通信完全是两种语言，会拨号不代表会打电话。在面试时，很多人的简历都写着"善于沟通"，但是真正进入职场后你会发现"会说"和"说得好"是两个层面的事情，这就像人人都会跑步，但你真的跑得很快吗？所以不要小看一通普通的电话，如果打得好的话，它真的有可能"价值连城"。

大英博物馆（British Museum）承礼学院伦敦结业晚宴

# 4 邮件可能只有两行，注意事项却有十条

英剧《唐顿庄园》的编剧朱利安·费罗斯是《谢谢你伦敦》的嘉宾之一。采访之后，我送了他一个枕头当礼物，他事后特意写了封邮件：谢谢 Meme，你的礼物太棒了，然后还连续用了三个"wonderful"。

当时我想人家既然这么高兴，那我是不是应该再送一个？于是就回复："非常高兴您喜欢这个枕头，我可以再送一个，这样您的太太也可以用到这个枕头了。"然后他又回复我："你这样让我觉得有些受宠若惊，不过我还是谢谢你。这样吧，我把我的地址给你好了。"

当然，我就把另一个枕头按照这个地址寄给他了。

但老先生的幽默还没完，他居然又写了封邮件："Meme，我想问下这个枕头是你寄过来的吗？我真的非常感谢，虽然我真的真的并不认为我值得再拥有这么一个美妙的枕头，不过，我是不打算还给你的。"

在社交过程中，用这种很幽默的方式写一封邮件，会让收信人也有很好的心情，

双方之间的距离也会拉近很多。用自己的方式让他人感到快乐，这是礼仪很高的一层境界。

在邮件中，称谓及问候是一定要的，然后就开始正式说事情，一二三四五条，实事求是地写就好了。如果万一有一件事情你拿不准，需要跟对方说明一下情况，看看是否需要对方帮忙核实或提供帮助。

商务邮件尽量写得简单清楚就够了，不要有太多的闲聊或与工作无关的内容。如果你发的邮件是要和外国方面提前预约一件事情，最好还要想想这个国家和民族的效率。比如，美国人你可以就近预约，但是日本人、欧洲人你可能需要提前很久就把事情都确定。

除了邮件，现在工作中经常用到的另一个通信工具是微信。

如果你和对方是第一次见面，以后也不会有太多业务上的联系，这种情况最好不要主动加对方的微信。因为很多人互相加了以后就再也没说过一句话，但当你开口要扫二维码时，别人又不太好拒绝，而且有时朋友圈又有一些很私密的东西，会给对方造成社交上的一种压力。遇到这种情况，一般直接留下电话号码就可以了，这样在需要时也可以取得联系，不需要时又不会互相打扰。

如果第一次见面的人互相加了微信，不管是别人加我还是我加别人，不管对方地位高低，加完之后我都会给他发一个微笑的表情。我觉得这是一个起码的礼貌。同时最好能即刻给对方加上备注，以方便你在以后需要时查找。

如果在上班时间发微信给对方，尽量使用文字的方式，这样即使他在开会也容易看到。除非是特别冗长或复杂的信息，否则最好不要用语音，有时对方在工作场合拿手机到耳边听可能不太方便。

## 如何起草一封邮件

### 使用有意义的主题。

邮件主题应该能够概括本次邮件的主题和重要信息，甚至是邮件类型，比如是合同、方案还是新闻稿，要让对方尽可能地通过邮件主题得知邮件的重要性和具体内容，避免被对方忽略。

-

### 使用正确的称呼。

不管是用英文名还是中文名，都应该在名字后面加上正确的称呼，如果是英文名，在名字前面加上dear才是正确的称呼。

-

### 不暴露你的邮件列表。

如果你一次要把邮件抄送给很多人，甚至有些人都不是一个公司的，那么尽可能选择密送添加抄送人员的邮件列表，避免让对方收到邮件时看见一大串的抄送列表。

### 检查拼写、语法和标点符号。

在发送前反复检查邮件很重要。切勿以大写字母书写整个邮件，对于英文邮件来说，每句话开头的字母大写即可。

-

### 尽量减少缩写。

有些缩写可能你和你的同事都知道，但不代表别人一定知道，甚至如果对方和你不在一个行业工作，对于大量的专有名词缩写可能并不全部了解，所以对于这类名词要尽量写全称，以减少对方阅读时的麻烦。

-

### 慎用超大附件。

有附件的话记得在发送前添加进去，如果邮件中写有附件却忘记添加，会让对方觉得你不够稳重细心。发送超大附件最好带上一个可下载的网盘链接，让对方自主选择是否下载，避免对方用手机收邮件时，因为附件太大耗费时间与流量，也可以避免邮件收取

时间变长。

-

### 及时回复。

在看到邮件的当时最好做即刻的回复，避免之后给忘记了。第一时间没法及时回复的邮件记得标注星号，方便以后查找。

-

### 避免不恰当的幽默。

学会开玩笑的尺度，和比较熟悉和亲密的工作伙伴或客户还可以适当地开玩笑，但如果是不熟悉的人则要避免。

-

### 使用固定的电子邮件账号。

为避免在回复邮件时被遗漏，建议你与一个人沟通时最好使用相同的邮件地址，且避免将你的公司邮箱用于个人事务，工作之外最好拥有一个自己的私人邮箱，用来收取任何与私人事务有关的邮件。

-

Deadline、个人直接联系方式也是必需的，应直接把它们设置在签名栏里。

# 5 语言代表力量，
眼神
代表真诚

除了商务谈判和通信工具层面的交流，人与人之间的实际沟通技巧也非常重要，或者可以说是最为重要。

在采访英国前第一夫人切丽·布莱尔之前，我们一直是跟她的秘书用邮件沟通。采访当天，她说好了三点钟会准时到现场，出于对英国人时间概念的了解，我两点五十五分就到了酒店门口等她。

但下车之后，我发现周围并没有其他的车，又想到伦敦的堵车很严重，就觉得她可能正堵在路上。于是我就蹲在地上逗旁边的一只小狗玩，但没想到三点钟的时候，她准时出现在了我的面前，分秒不差。我意识到：原来她在出发前就已经把可能的堵车时间也计算在内了。

我之前没有见过切丽本人，只是在网上看过一些她的资料，但是她一见面就跟我说："你是我好朋友的好朋友，那我们一定会成为好朋友。"她给我的亲切感是很难用语言形容的，因为我之前心里还在想，以身份和地位来讲，她很可能是个严肃的人，但是在实际接触的这一瞬间我就消除了紧张感——这点和之前提到的法国前第一夫人卡拉·布吕尼非常相似，完全没有一点儿架子。她还和我妈妈握手说："你一定对你的女儿感到很骄傲吧。"真的就像她自己说的那样，把我和家人当成朋友去对待。

做一个让人感到真诚、舒服，进而产生信任感和亲近感的人，是情商很高的一种表现。所以当时我也开始反思：今后待人接物时的态度是不是也可以更客气一点儿，让对方感觉更舒服一点儿呢？

除了语言，沟通时的动作与神态也很重要。

前两年我参加过一个"关爱留守儿童"的公益活动，其中一个环节是一个女孩因为自闭，不愿意和人交流，于是志愿者就让她当着大家的面，跟她的爷爷奶奶手拉着手，彼此看着对方的眼睛，给他们念一首诗。

念完之后，女孩和爷爷奶奶开始抱头痛哭起来，我也很感动。很多人都说这是诗的力量，但我觉得除了诗本身，他们彼此看着对方的眼睛时，把真诚和爱也一起传递了过去，这种感觉可能比诗歌本身还要温暖。

与凡尔赛宫馆长Catherine Pégard（卡特琳娜·佩加尔）

**你该在什么时候介绍你自己**

**01**

在社交礼仪中，通常最好的做法是等待他人为你做介绍；然而，在商务礼仪中，自己介绍自己也是可以接受的，实际上这也是一种对自己的鼓励。

**02**

在正式的商务场合，一般是由主人对宾客进行相互介绍。

-

**03**

如果你是举办宴会公司的工作人员并且是在场职位最高的人士，则你应当作为主人来对宾客进行介绍。排名是根据个人在公司阶层中的专业地位而定的，而不是根据他或她的资历来确定。

-

**04**

在一些欧洲国家，人们在商务活动中介绍自己时只使用他们的姓，如在德国，而在欧洲其他国家，一个人可以先介绍自己的姓，然后再介绍自己的名字。

**正式的商务介绍**

**01**

总是站立着来做介绍，不管是你去拜访客户，还是客户上门拜访，最好都起身迎接并互相握手，然后可以站立着互相做基本的介绍，最后再邀请来拜访者坐下或者由被拜访者邀请你坐下。站立时的交流会让你保持最佳状态，如果两方都坐着做介绍则会显得散漫。

-

**02**

递名片和接受名片时应该双手一起，而不应该用单手去递或接受名片。在收到对方的名片时，不要立刻放入口袋中，而应该仔细阅读名片上的信息，以示尊重。谈话结束后名片应该随身带走，千万不要遗落，这样会显得不够重视对方。

-

**03**

保持愉快的面部表情，时刻记得微笑。很多时候你可能习惯面无表情，虽然你内心可能并没有不开心，但却会给对方造成错觉。

-

**04**

看着每一个人。如果是一堆人的商务会面，那么建议在打招呼时眼睛应该扫过对方的每一个人，而不应该把焦点放在某一个人身上。

**05**

使用职务来做介绍。作为商务会面，不要再用社会称呼，而应该使用职务称呼来让双方互相了解。

-

**06**

与每个人交谈，表达出适度的热情，而不要将焦点只放在最重要的人身上，免得让其他人觉得被怠慢。

-

**07**

避免不必要的动作。商务会面时，除了握手及递上（或接受）名片，一般应该避免过多的动作，毕竟你只是在做介绍，而不是进行一场有激情的演讲，过多的动作会让人感到怪异。

**6** 聊天的技巧：

# 保持风趣的姿态，
# 但尺度很重要

1982 年，英国首相撒切尔夫人来到中国就香港问题进行谈判时，发生了很多有趣的故事。其中有一件就是在领土主权这么严肃的问题开始谈判之前，她和邓小平是从美食开始聊起的。

撒切尔夫人在人民大会堂首次见到邓小平时说："我知道您刚从外地回来。"邓小平回答是的，他刚刚去了一趟四川。撒切尔问这次旅行是否愉快，邓小平说很好，他喜欢四川菜，因为自己就是四川人。然后他转头问港督尤德爵士："你也喜欢吗？"尤德爵士回答喜欢，而且说自己的外交生涯也正是从四川开始的。

这时，邓小平同志开玩笑说："那你也就是个四川人喽！"

撒切尔夫人说自己更喜欢苏州菜，邓小平同志又说："因为你是'游客'嘛，所以吃什么菜肯定都觉得不错的。"

中英两国的会谈就在这样一个友好的氛围中开始了。这种方法也值得我们借鉴，友好的基调与气氛往往会对结果产生积极的影响。

在进行商业谈判和对话时，开场时不要一上来就说"今天要讨论的这件事如何如何"，会给对方直入正题的紧迫感，而是可以先寒暄一下，如问问今天路上的交通怎么样，堵不堵车。如果对方是从外地来的，可以问问他们那边的天气怎么样，在本地吃得习不习惯等。

中国的人际关系有几个特点，比如总是会先问对方是哪里人，找找地缘上的联系。如果你是安徽人，刚好他也是安徽人，或者你是山东人，他刚好也是山东人，"攀老乡"就可以成为开始交流的引子。如果不是一个地方的人，你也可以问问他喜欢什么运动，平时有什么爱好，或者聊聊最近看了什么电影，喜欢哪本书。你也可以从一些公共话题开始聊，比如最近发生了什么事，你对这个事情怎么看——有时候两个人彼此气场相同的话，价值观也会相似。

而在彼此都不太熟悉的社交场合，你大可以从一些无关痛痒的话题开始，比如最近流行的一些东西，或者聊一些跟自己相关领域的东西，但尽量不要涉及个人隐私。

一个朋友曾跟我讲过一个技巧：找人办事时，进入对方办公室后，如果发现书架上放的全是哲学类的书，那就多聊人生和未来；如果发现他的书跟管理有关，就多聊聊乔布斯和德鲁克。

获取谈资的来源是很有技巧的。比如，在某个聚会上，你如果很想知道对方是做什么的，上来直接问可能很不礼貌。一个方法是：英国人总爱从天气开始一段对话，你也可以先说说最近天气怎么样，然后继续问："天气影响到你的工作了吗？那你最近工作忙吗？"如果他说最近很忙，比如在忙什么事情，你就基本上可以推断出来他是做什么的；如果他说最近不忙，那就代表他不愿意跟你聊太多工作上的事情，你也该识趣地打住。

如果你是聚会的主人，在安排座位时就该想好谁跟谁坐在一起，因为每个人往往都是跟左右两侧的人聊得最多，所以相同的领域的人会有不少可说的话题。

有些人平时的说话风格像《唐顿庄园》的编剧费罗斯老先生一样，很风趣也很善于开玩笑，但是一定要把握好交流的尺度，尤其在正式场合里，一定要确定自己的梗可以 hold 住全场，否则"风趣话"没准会让人觉得是"风凉话"。

如果你是女生的话，最好别一上来就太过油滑或自来熟。我见过个别女孩一上来就管对方叫哥哥弟弟的，这么做实在有失身份，会让人感觉很风尘。一个女孩应该要有自己的尊严和矜持，甚至跟客户走得太近都不太合适，一定要避免"轻浮"两个字，你可以热情，但是举止一定要得体。

**在商务会面的闲聊中应该避免以下话题**

健康问题，这类话题带有隐私性。

-

东西的价格，说太贵的东西有显摆的嫌疑，不贵的东西又绝没有提起的必要。总之，价格的话题是没有任何技术含量和参与度的。

-

个人问题，这个问题绝对不适合在任何商务场合说起，没有人会喜欢在正式场合聊别人的隐私，即使是八卦也最好避免。

-

无聊的流言蜚语，聊这个问题只会让对方怀疑你的人品和专业素养。

-

不雅的笑话，绝对禁止出现在商务场合，你懂的！

-

争议性问题，不要在这种场合聊起任何有争议的问题，包括信仰、政治、民族、性取向，面对任何有争议性的话题，在场的每一个人可能都和你意见不会统一。

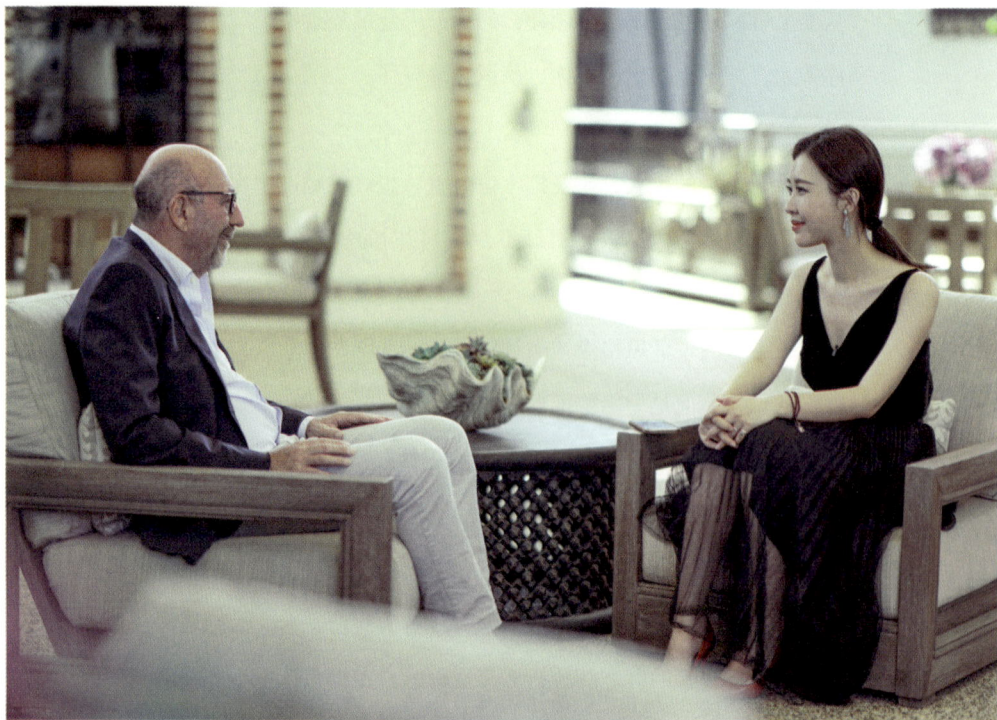

与好莱坞外国记者协会主席、金球奖主席Lorenzo Soria（洛伦佐·索里亚）

## 如何挖掘有趣的聊天话题

**01**

在不同人群或不同背景中寻找新的朋友，他们的视角、哲学理论和观点都可能会成为有趣的话题。

-

**02**

在谈话中学会倾听对方的发言，如果有特殊的兴趣，可以进一步向其了解，挖掘话题深度。

-

**03**

在个人兴趣中寻找新视角和新的内容，保持关注该领域中的最新发现。

-

**04**

随时随地了解本地和全球新闻，这样可以避免在别人聊到一些社会新闻时你表现得一无所知，从而插不上话。

-

**05**

阅读当地报纸不同版面的头条，不要只关注自己感兴趣的话题，学会让自己多了解不同的资讯。

-

**06**

在开车时偶尔听听收音机节目，那里面好多人都是无所不谈的专家。

# 7 倾听的技巧：

# 做一个安静的人，
# 但不要完全沉默

聊天时还有一个技巧：最好先让别人聊喜欢的话题，自己多做倾听者。尤其是刚踏入社会的新人，不要急于表现，先学会"听"，就会比别人表现得更稳重。当代人最不缺的就是表达平台，但对于聆听却缺少训练。

去年有一段时间，因为遇到了一些舆论风波，我觉得自己挺委屈的，就找到了一个朋友诉苦。但我跟她说话的时候明显觉得她的眼神是"飘"着的，根本没有听我讲什么，有时还多少露出打发我的神情。过了一会儿她说："一会儿还有事儿我先撤了，有空再给你打电话。"但我知道以后我应该不会再找她聊天了，我其实很感谢她能抽出时间见我，但她表现得很心不在焉。这本应是一件让我很感谢她的事，但最后反倒让我觉得别扭。

这件事给了我一个启示：假如现在有朋友找你聊天或帮忙，如果有事或抽不出时间，一定要真实地告诉对方，千万不要言不由衷地敷衍，否则既浪费自己的时间，也会让对方觉得不受尊重，反倒事与愿违。这也跟之前提到的"真诚"有关。

如果你愿意的话，一定要看着对方的眼睛并认认真真地听，因为有时倾诉者并不是想从你那里得到什么答案，而只是想要有一个聆听者给予精神上的安慰。所以当有人跟你聊的时候，尤其对方是来向你倾诉的时候，最好先听对方把问题说完再发表自己的意见，或者不发表意见。

现在大家都非常忙，很多时候并没有耐心和精力去听别人的故事，但如果你愿意花时间去听，也从侧面证明了这个人在你心里的地位。要是我不喜欢一个人，可能一分钟都不愿意在他身上浪费。但如果我愿意跟他聊，那我就一定会认认真真地听，做个合格的倾听者。

## 倾听及拒绝的小技巧

**01**
要让对方觉得你很在意并且重视他所说的话，你需要做到不东张西望，不听、看手机，精神上不开小差。
-

**02**
倾听时偶尔点点头，或者发出"啊""哦""哦，是吗"这样的词语表示在认真听。在关键时刻还可以抛出"后来呢"这样的问题，引导对方继续说。聊天时两个人之间的互动与共鸣很重要。
-

**03**
你也要根据自己的情况学会拒绝，要是来和你聊天的人是你非常不喜欢的，那你就说"对不起，我需要处理点别的事"或"Sorry，我正在等一个电话"。因为话不投机，是在同时浪费自己和对方的时间，直接一点反倒省了很多麻烦。
-

**04**
要是对方真的是很好的朋友，而你当时又特别忙，可以说"我现在有点事在忙，我们再约一个时间怎么样""你看什么时候方便我来找你也可以，因为我马上要忙别的事，可能你说两三分钟也说不清楚"。把自己的情况及后续的建议都给出，这样说出来会让对方能够更好地接受。
-

**05**
不忙的时候，记得要履行自己的承诺。

# 8 演讲的技巧：

# 大声说出你的内心

演讲也是二十一世纪日常社交与商业沟通的重要组成部分，好的创业者大都是不错的演说者，或是至少不惧怕这种场面，因为举办产品发布会这种活动在如今的商业领域已是常态。

对于演讲的态度我有一个转变的过程，从惧怕到有一点喜欢，再到很享受。

一开始惧怕演讲是因为我以前很不擅长当众讲话，一说话就结巴，一个词能重复 N+1 遍。后来我意识到演讲很重要，但这也是自己的一个短板，要弥补它就需要大量练习，而练习的最佳方式就是实战。

我的第一次当众发言大概是在十年前一个香港朋友的聚会上。那时我在香港工作，恰好有一个朋友也是商业圈的，有一天他说大家没事就聚一聚吃个饭吧，我就跟着去了。那个聚会有二三十人，有的人身份很重要，我还能叫出他们的名字。当时主持人要求每个人都上台讲几句话，在此之前我几乎没有当众讲话的经历，就有点儿害怕，一时也想不起来说什么。而且之前上场的人说得都头头是道的，让我一时很蒙圈。

但没办法，很快就轮到我上台了。我没有办法拒绝，只能硬着头皮说，大脑完全是一片空白的。正当我低头不知道如何开场时，忽然看见了自己的裙子，心想那就从穿着打扮开始说吧："今天来时很仓促，也不知道该穿什么，所以在路上就临时去旁边的商店买了这条裙子。"

接着，我也不知道到底在想什么，居然开了个很冷的玩笑："你们其实应该为这条裙子埋单，因为如果不是为了你们，我也不会破费了。"

说完这句之后，我马上意识到自己特别傻，而且从全场的反应看，大家也是这么想的。那一刻如果有画外音的话，应该是天空中有乌鸦飞过时的叫声。我真是恨不得马上捂着脸跑下台，一直跑到没人的地方，自卑情绪不断翻腾，其中一个声音冲我大声呼喊：

你真的不是一个适合当众讲话的人啊！

许多年后我还反思过这件事，觉得自己那天不单是话题选择有问题，而且在台上的气场也不对，很不自信，扭扭捏捏的。就算我能讲一个很好笑的笑话，可能也不会达到预期的效果。

还有一个印象比较深刻的演讲是几年前在美国。

**演讲重要性的三个方面**

**01**
良好的口头表达能力让你更准确地传递你的思想和信息，有助于听者在最短的时间领会你的意图，提高沟通效率。

**02**
好的演说者善于鼓舞士气,增加团队凝聚力,作为team leader这是必不可少的职场技能。

**03**
好的口才会增加你的魅力，提升形象乃至社会地位。

184

从香港那次讲话之后，我虽然意识到自己在这方面是弱项，但也没有刻意去训练，国内也很少有专门的演讲培训课程。但当我在美国准备毕业演讲时，抽到的题目居然是乔布斯的一段演讲，它的第一句话是：When I was seventeen。

这一句话我足足说了有半个小时，因为老师要求不但要深刻体会这个演讲本身的意义，还要想象自己十七岁时的画面是什么样子。美国人有一套自己的教育方法，在演讲培训方面做得真的很好。

说到这儿我必须提一下乔布斯。当他在舞台上展示苹果产品的时候，演讲在商业中的地位也被推上了一个新的高度：企业家不但是创造者，也可以是销售者。他们也可以信心满满地站在舞台上，告诉大家自己的产品有多好。

**如何做好
演讲前的准备**

**01**
着装要给人留下好印象。保持干净整洁，有专业性。
-
**02**
准备好发言稿，保证内容吸引人，有足够的信息量。如果可能的话，可以加入一点幽默的话语，让自己和听众可以得到放松，帮助活跃气氛。
-
**03**
如果使用麦克风，在开始前就把麦克风的位置摆正。否则你的声音听起来不够清

晰或太小，影响演说效果。
-
**04**
可以将目光放在人群后方的某个点上。这个点即使是空的，也可以让大家觉得你是在直视前方。

**05**
学会与听众建立目光上的联系，尽量与更多的人保持1—2秒的目光接触，让大家觉得你是在和他们对话。
-
**06**
环顾听众后，目光可以继续停留在那个关注点上，这也有助于放松。如果在演讲的过程中始终和人对视，很容

易让你忘词或者紧张。
-
**07**
一定要站稳，这会让你显得更加稳重，还可以帮助保持关注度。
-
**08**
避免不必要的动作。做任何动作的目的只是加强表达你的观点，而不要为了做动作而做。
-
**09**
演讲时两脚适当分开站立，可以保持身体稳定。两肩向后，保持头部不动，目视前方。保持两臂自然悬垂在身体两侧，或者手拿演讲稿。

从那之后，我们国家的很多企业家也都开始效仿。这也说明在每个人都是自媒体的时代，每个人都应该也必须要学会为自己代言。

我第一次在公众面前的正式演讲，是在《习惯就好》的新书发布会上。那时我有一个跟以往不太一样的想法：发布会不应该是干坐在那里采用问答的传统形式，我想直接用演讲的形式来讲讲自己的经历。

那天我基本是把稿子的内容一字不差背了下来，演讲时还觉得特别慷慨激昂，效果好极了。但是实际呢？过后看回放时，从观众的角度讲，我觉得自己有些用力过猛。当你太用力去表述一件事时，往往自己会觉得很过瘾，但是观众则觉得你想说的东西太多，并没有很强的代入感。而且我的语速比较快，演讲时还会因为紧张而更快，所以很多时候大家根本没有听清我说什么，只看见我在那里跟自己煽情。

演讲虽然有"演"字，但却不是表演，是要尽量去表现一个真实的自己，所以后来我更注重"讲"，当然这也是在演讲几次之后掌握的窍门。

**演讲前保护好自己的嗓子**

不吸烟。烟酒嗓听起来不悦耳，但如果你实在没办法戒掉，就尽量在发言前降低抽烟的频率。
-
不喝烈酒，防止让嗓子发干。

不过度用嗓，不在背景噪声过大的地方说话和大喊大叫。
-
在说话或唱歌前做好"热身"，当嗓子感到疲劳时马上休息。
-
不要通过薄荷糖或甘油糖来润喉，它们很可能会引起嗓子发痒。

不要通过咳嗽来清理嗓子，而要通过吞咽或饮水来解决，适度的滋润会让嗓子变得舒服。
-
提高室内湿度，合适的湿度对呼吸道有好处。
-
说话保持放松、缓和。
-
多喝水。

公司的小伙伴们表扬过我，说2016年在清华的演讲就比较好。那段时间我连续出差，准备时间很仓促，也就是在演讲前一天大概看了下标题和段落大意，然后就直接上场了。

演讲现场有几百个人，主持人是《最强大脑》的蒋昌建老师。演讲后的问答环节，他有很多问题都是即兴问的，我也是即兴答的，很放松也很自然，我很喜欢这种方式，有一种大家在随意聊天的感觉。记得当时他调侃我的身高问题，我还现场就把高跟鞋脱了。

演讲不怕你讲不好，就怕你不敢讲。

现在我经常观摩和学习的演讲者有两个，一个是雪莉·桑德伯格，Facebook 的女性 CEO，另一个是希拉里。她们最打动我的点是因为大家都是女性，通过她们的演讲，能够看到社会对于女性的偏见和不公，也能看到女性对于自我的认知与奋斗。尤其是希拉里，她的演讲有一种指挥千军的气魄，我觉得很酷。

很多时候一个人选择做一件事，起因并不是擅长，而是越不擅长才越要做，只有这样才能让自己变得越来越强。就像有一次我为了准备演讲，还要练习唱歌和跳舞。人趁年轻时多尝试一些新东西并没有什么坏处，你试过了总比没试就放弃的要好。

**请记得展现你的个性**

适时变换发言节奏,不要一直用同一语速来进行演讲,容易让人昏昏欲睡。
变换说话音量,针对一些重点或有话题的内容可以将说话音量加大,引起听众的注意。

提出反问性问题,这是最好的与听众交流的办法,可以通过反问性的问题引起大家的关注与思考,并增强现场的交流感。多喝水。

另一种声音说：既然最艰难的时候都已经熬过去了，为什么要在刚开始看见时曙光时放弃？于是决定还是咬牙坚持挺一挺吧，走一步看一步，没准最终结果会不一样。

见信好。

几年前我遇见过一个记者，她给我的印象非常深刻。

那时候因为一些风波，很多记者都跟联系我做采访，而我统统拒绝了，因为不想把事情再扩大。这样过了三个月，坚持想采访的人就少了一半，又过了一阵子，又少了一半。最终就剩她一个人还在坚持，追着我联系了整整八个月，以至于现在只要说到"执着的媒体人"，我第一个想到的就是她。

现在大家看到的片子里有很多大腕，感觉我坐在那里和他们谈笑风生是很轻松的一件事，但其实这都是剪辑完的东西，而就为了呈现这短短的几分钟画面，我们付出了很多。举个例子，从联系采访嘉宾的角度讲，我在去之前其实没有任何资源，因为我也不是什么国际大腕，也不是以电视台的身份去做采访，所以一切都要靠自己去努力争取，要一扇一扇门自己去敲，一个一个人自己去找，问每一个可能的采访对象："您好，您有没有时间加入我的采访？"可能有的人会拒绝你，但是没关系，你可以试第二次、第三次，总有一扇门会打开。大家可能最后看到我采访了二十个人，但拒绝我的其实有五六十个，而实际尝试联系过的人，可能又要翻一两倍。

我觉得自己也是一个很执着的人，当确定要做一件事时，不论遇到什么困境，都会坚持到底把它做下来。

记得刚开始做"谢谢你"系列时，刚拍完纽约，我就有放弃后续城市的打算了，因为拍个片子实在是太累了，尤其当时大多数拍摄人员都是第一次出国，我还要照顾整个团队的人，要像大家长一样操心所有人的起居饮食和拍摄计划，还得应对数不清的突发状况，就觉得无比辛苦，想打退堂鼓。

但那时身边有人劝我："拍得不错啊，为什么不继续？"而且我自己是个很较劲的人，心里还有

在伦敦时我很想采访"朋克教母"薇薇安·韦斯特伍德，因为她是英国很有代表性的设计师，也是独立女性的代表，我们就想尽各种办法联系上了她的助手。她的助手也知道"西太后"是个非常有个性的人，所以一直反复跟我确认："真的要做她

# 致
／
## 每一个
## 在放弃边缘
## 徘徊的你

功有成功的经验，失败有失败的教训，过程就是对你最好的奖励。

记得困难出现时，第一你要告诉自己"我还年轻，我输得起，第二闷去做，最终老天一定会给你一个说法。你看那些成功的人，他们取得的成绩之所以普通人无法达到，是因为他经历过的困难普罗大众也无法想象。

不管遇到什么情况，都要坚持一下，再坚持一下，实在坚持不住了，就大哭一场，第二天重新开始，带着自己的阳光回归生活。**这个社会中每个人的压力都很大，但你要学会把自己变成一个太阳，把积极的情绪传递给别人。**

"生活怎么会这样，太辛苦了，累死了。"千万不要把这些话变成你的口头禅。我有一个朋友特别喜欢这些累死了，可能早上起来去倒个垃圾都会说累死了，这种心理暗示非常不好。以前做演员时，拍冬天的戏会非常冷，还得穿裙子，一个朋友就教我，这时要喊"太热了，我要中暑了"。当时我真的觉得自己在一点点变暖。

一直支持你的
Meme T

的采访吗？她极有可能拒绝，而且即使采访到了她可能也不会说什么，你们确定还要做吗？"但是我就说没关系，我们可以试试。

我的想法很简单：先见到面了再说，只要有机会见个面，再难搞的人我们也总会有方法。

之后双方来来回回大概通了三十多封邮件才敲定采访的时间。采访当天下午两点我们去她的办公室门口，结果一点钟时她的秘书还在发邮件："你确定要来吗？"

我回复："要。"

幸运的是，之后我们确实见到了"西太后"本人，采访进行也还算顺利。我长出了口气，觉得这么多天的坚持没有白费，虽然中间也经历了一些犹豫和忐忑，但自助者天助，最终运气也站在了我这边。

谁都希望做事一帆风顺，但这只是美好的愿景。**在实际生活中，看待困难的态度很重要，如果你只是把它单纯地理解为困难，那确实会很难过，但如果把它理解为一种锻炼机会的话，坚持撑过整个过程，最终你一定会有属于自己的收获。成**

# 第六章
/
旅行礼仪

"会玩儿"
让你的世界更宽

与法国国宝级厨师Alain Ducasse（艾伦·杜卡斯）

# 1 少换现金，
不吃罐头

从小我就很喜欢旅游。十几岁我就开始打工攒钱，原动力也是为了旅游这件事。我觉得一生中最有意思的一件事就是来一次环绕地球的旅行，这比挣很多钱还让我向往。因为把钱存在银行里并没有价值，但是去过很多不一样的地方，开了眼界，长了见识，人生就增值了。而且每次出国不光是去看当地的景点和吃好吃的，还能从不同文化背景的人身上学到很多不同的知识，了解当地社会风俗，这本身就是很有意义的一件事。

我第一次出国工作是去韩国，那次发生了一些很窘，但现在想起来还蛮有趣的事。那次是去拍戏，因为刚刚踏入社会，手里也没啥钱，所以韩国的物价水平对我来说还是比较高的。我不知道韩元的汇率到底是多少，去之前也没查过。剧组会发一定量的生活费，在一沓钱里我就抽了一张面值一千的韩币。

剧务问我："就拿这么多？"

我说："对啊。"心说自己花钱的地方也不多，一千韩元就不少了。但后来才知道，这相当于带着大概七块钱人民币就出门了，真是彻彻底底的"穷游"啊！

**旅行前要做的准备**

**01**
了解汇率，不再犯像我那样的错误。

-

**02**
换一定量的当地货币。现金多少要准备一点，即使现在信用卡发达，也难保有时候会碰到一些特殊情况或发生意外，以备不时之需。穷家富路。

-

**03**
了解一下当地电源插座类，提前买好转接头。如果住高级酒店就不用担心这个问题，可以直接向前台索取。

-

**04**
随身备好充电宝。当代人旅行需要电子设备的强力支持，如查地图、查攻略、查酒店，而前提都是手机和iPad有电。

-

**05**
欧洲很多酒店一般都不提供洗漱用品，最好提前自己准备。否则每去一次酒店都要买一次东西，既麻烦又浪费。

更悲催的还在后面。外出吃第一顿饭时，我不知道剧组的人带我去的地方很贵，而自己又是个肉食动物，所以这一顿烤肉就花了两三千元人民币。那时我真是深刻体会到了一个词：肉疼。没办法，我只能先借钱把饭钱垫上，接下来的日子不要说大吃大喝，就连温饱都快成问题了。

我的经纪人就只能天天带我去吃豆腐包，因为豆腐包最便宜，大概是35块人民币一顿。我这么爱吃肉的人那段时间每天吃的都是豆腐包配白米饭，脸真是越吃越白，至于心里有多凄凉，那就更不用说了。

但生活就是这样，每快到绝境之时，老天爷总会给你一线曙光。拍戏中间，我妈居然要来看我，她问有没有啥需要带的，我的第一反应就是：肉！罐头！肉罐头！能多带就多带！之后我自己也回了一次国，大包小包带的全是罐头，差点儿让海关人员以为我在走私。

后来我旅行的次数也多了，旅行经验也越来越丰富，有些 tips 与大家分享一下：

首先，出国游玩，宁可多花些精力做功课也千万别什么都不去查。说走就走虽然潇洒，可实际情况是如果不做好前期准备，两眼一抹黑地来到一个城市，一旦遇到麻烦，会大大降低你的快乐指数。

其次，要知道是跟谁一起去旅行，因为旅伴不同，你们的目的地和行动路线也会有很大不同。比如，和朋友一起走那就可以把行程安排紧凑一点，要是和爸妈一起，就尽量安排舒服又轻松的路线，避免在路上或在外面的时间太长。

最后，要知道去的时间是不是当地最好的季节。如果冬天旅游的话就尽量去暖和一点儿的地方，夏天的话则应该去偏南一些的城市。旅行是一件非常美好的事情，我建议正在看这本书的你，三十岁之前最好不要买房，而应该攒钱去旅行，因为房子只是一个居住的地方，但从心灵归属来说，其实哪里都可以是你的家。而且你见到的世界越多，视野就越开阔，这也是在为以后能住进更大的房子而积累资本。

因为很喜欢建筑大师安东尼奥·高迪，所以我第一个去的西班牙城市是巴塞罗那。在那里我看到了米拉之家，看到了圣家族大教堂，之前看资料时我就为他的设计感到震撼，而亲眼看见之后，又发现这种真实的震撼远比图片强一百倍，图片再怎么高清也拍不出那种庞然的质感，不禁让人感慨：地球上怎么会有这样的建筑？

所以年轻的小伙伴，趁着时光大好赶快出去走走吧，看看自己喜欢的东西，看看这大千世界的繁华。或许在某一个瞬间，你就会对生活有了新的体悟，并因为这一瞬间受益终生。

**飞行旅程中的礼仪**

**01**
在check in和过安检及上机时一定要排队，不要插队，特别是在国外，大家都会自觉遵守秩序。如果怕来不及，就提前一点到机场，不要掐着时间去，很容易会因为时间紧迫导致最后需要一路道歉走加急通道。

-

**02**
在飞行途中不要脱鞋，不要把脚架到别人的位置上。如果觉得穿鞋很累，可以带双一次性拖鞋在飞机上换一下，这样要比光着脚或只穿袜子礼貌一些。

-

**03**
对待空姐、空少一定要客气，每次接受他们的服务都要说"你好"和"谢谢"。

-

**04**
不要因为延误而怪罪地勤或空服人员，耐心沟通，保持礼貌，是最佳的解决方式。

-

**05**
在飞机上如果要路过其他乘客去上厕所时，记得说句"不好意思"。

-

**06**
如果空服人员不小心把果汁或水洒在你的身上，不要迁怒他们，在不平稳的飞机上服务，这些事情都在所难免，你的好态度也会让别人对你刮目相看。

# 2 不要吝啬
你的小费

除了人文景观和自然景点，不同国家也都有自己的礼节和交往方式，这也是旅行过程中很让我感兴趣的一个点。

日本人的一些礼仪习惯让人觉得非常舒服：告别时，主人会给你鞠躬，向你说"辛苦了"和"谢谢了"之类的话。甚至在美发沙龙里洗头时，店员都会对你说辛苦了。其实我是躺在那儿被洗的，一点儿都不辛苦啊！但是店员这种对顾客的尊重让人非常受用。

还有一个难忘的场景是在日本机场，机师检查好飞机后，他们会站在一起跟你招手，目送飞机一点点起航。即使乘客在机舱不会看到，他们也依然这么做，以示对旅程的一种美好祝愿。你并不知道他们是谁，但知道有人在祝福着你，就会觉得很安心。

但也有一些时候，因为大家不太懂得出行礼仪，所以会造成一些麻烦和误会。这就很值得警醒与反思。想起前几年在媒体上炒得很热的一件事儿：一位来自内地的妈妈带小孩去香港旅游，逛街的时候小朋友想要小便却找不到洗手间，妈妈就把尿不湿托在手上，让小朋友在马路上直接方便。但这件事却被一个本地人拍下来并曝光，在媒体上引起一片论战。

其实这件事双方都有做得不好的地方。作为一个游客，我非常能理解找不到洗手间的焦急，尤其是小朋友年纪小，不太容易忍得住，所以家长会比自己有需求时还要着急。但这时你首先应该做的是赶紧问一下路人，看看附近的地方是否有厕所，而且现在香港人大多都会说普通话，这不是什么难事。

而从那个拍照的香港人的角度来讲，拍摄这种画面本身就涉及侵犯他人隐私。如果真正具有高素质的话，面对这种情况你最应做的不是拿起手机，而是主动帮助他们找到卫生间。其实妈妈拿尿不湿垫着已经是尽量把影响降到最低，她也一定已经意识到这个事情确实不太文明。因此面对这种情况，作为本地人应该更多一些理解与宽容。

**如何给小费**

**01**

酒店房间的小费应该留在枕头上，而非留在床头柜上。注意在泰国不要给硬币作为小费。

**02**

在美国吃饭的小费一般是直接写在付款单据上的。

-

**03**

尽量给帮你搬行李的酒店礼宾员一定的小费，因为这代表对他劳动的尊重。

从这件事可以看出，旅行中有很多方面是需要注意的，出行前多做一点儿准备，多学一点儿礼仪，这类问题就会少发生很多。与人方便，自己方便。

下了飞机之后，住宿是很多人最关心的问题，因为只有饱饱地睡个好觉，第二天才能元气满满地耍一天。除了预订酒店和青年旅馆，还有一个建议就是：如果你还年轻，不妨试试当地的民宿。现在这种网站与APP很多，如非常有名的Airbnb，既方便又安全。

住民宿的花费不高，而且你会与当地人的日常生活更贴近，了解他们真正的文化方式。我曾在日本住过一个当地人的房子，她家有四个垃圾筒，分别是用来装可回收垃圾、不可回收垃圾、厨余垃圾及塑料瓶的，非常细致。从垃圾分类你就会发现日本人的环保意识有多么强。而且即使有客人在家里住，主人的iPhone也可以随便放在客厅里，根本不担心被盗，这也体现出了人与人之间的信任感。

在美国我也住过民宿，但那个房间里连床单都没有，完全要自己照顾自己，这就反映出这个社会里的人自主意识其实还蛮强的。

给小费在很多国家的日常礼仪中是很重要的。由于我们国家没有小费文化，所以大家在出行时常会没有这个意识。

美国是典型的小费国家，不同的州标准也不一样，但一般来说是总费用的10%~15%。我会根据服务员的服务质量来决定这个取值范围，如果服务非常好给的比例就高一些，如果不是特别好就低一些，但是一定要给。还有些地方不是按固定的比例给，比如英国，而是最后买完东西留3到5镑就当是小费了。日本没有给小费的习惯，虽然他们的服务非常值得给小费，但你也必须尊重当地的习俗。

关于是否需要给小费以及该给多少，你可能要提前做一些功课，千万不要因为你是游客，觉得反正也不在这儿长待就不遵守当地的习惯了。这是对别人的不尊重，也会影响我们自己的形象。

在出行过程中，即使现在电子导航很发达，也难免存在精准度不够高的情况，这时候你就需要问路。

问路时一定要很有礼貌，尤其如果你是男生，体格再壮一点儿，加上在外奔走弄得蓬头垢面的，态度一旦粗鲁，人家没准会认为你是来打劫的，躲都躲不及。

问路时要以询问的口气开场，而不是命令式。即使对方不知道怎么走，没给你指路，你也需要说句"谢谢"，因为毕竟是麻烦了人家。其实外国人多数都很热情，都会有礼貌地回答你，有人甚至还会很热心地直接把你送到目的地，这时尤其要再三表示感谢，觉得鞠个躬都是不为过的。

还有就是要尊重当地的习俗。在有的国家你可能不能跟女性握手，尤其是伊斯兰国家，不可以去触摸女性的肢体。还有些地方你不可以伸左手，也有的地方可能是右手。而在匈牙利，你要是叫服务员一定不能打响指，只能伸出手示意。

**入住酒店应该遵守的礼仪**

向为你服务过的每一位服务员都说声"谢谢"。
-
离开房间时要记得把电源关闭，不用水的时候也不要让水龙头一直流，尽管房间内的设施怎么用都OK，但还是应该注意环保与资源节约。
-
在小费国家，对帮你搬行李（一般直接给对方）、服务你就餐（留在结账单上，或者直接在小票上写上小费数目）、打扫房间（放在床上的枕头上，而不要放在床头柜上）的服务员都应该留下小费。

# 带上爸妈
# 去旅行

承礼学院如今在国外已经进行过多次课程，所以我现在很有安排集体旅行的经验。但在刚开始时，我也为此交过很多学费。

刚做海外课程时，第一次集体出国是去欧洲。第一天下飞机之后，到酒店时已经是晚上七八点钟了，从时差角度来讲已经是国内的后半夜了，大家都非常疲惫。但那时我的经验不多，觉得大家既然都到了，应该先好好吃一顿，就订了一顿大餐，给每人都订了三道菜，算是很正式的西式晚宴了。吃到一半时，我发现学员们经过长途飞行都很累，有的人刚吃完一道就已经困得趴在桌子上了。大家此刻最想的不是填饱肚子，而是赶紧回房间躺着休息，这个时候吃饭不是必需的，最要紧的是睡眠。

经过这件事之后我进行了总结，认识到这是待客礼仪中很重要的一点：形式是一方面，更重要的是要让客人感觉到舒服，这才是对人真正的尊重。

策划旅行和其他事情一样，有个循序渐进的过程，都会越做越好。没有经验的时候不要害怕，勇敢地迈出第一步，走出去的次数多了，便也能带着爸妈和身边的朋友去更多有趣的地方看看。

我第一次跟爸妈出国旅游去的是日本，那次他们本来计划自己去，就报了旅行团。他们有一天的自由活动时间，我就趁着这个机会赶过去一起玩了一天。当时我的计划是带他们去迪士尼逛一逛，但那天气温非常低，而且爸妈又上了年纪，不能走太远，所以就调整了旅行计划，在东京找了一个泡温泉的地方。那是一个搭出来的室内温泉，里面还卖各种本地小吃和工艺品。我们在那儿泡了一会儿，然后吃了点东西，又到处逛了逛。

虽然行程简单，但在我印象中，那是我和爸妈在一起玩得最开心的一次。之后我还带他们去过美国等地方，行程都是由我来安排。家庭出行其实去哪儿并不重要，重要的是这种其乐融融的幸福感，是金钱永远无法替代的。

越在当代这个功利的社会，越要有正确的金钱观。

我从小对看钱就看得没那么重，可能从小到大也没有很缺过钱，我家没有很富过，家里也没有很穷，所以我对钱一直保持平和心态，有的花就可以了。可能也正是这种平和心态，反而让我的财务状况一直保持得不错。

花钱无非几个方面，衣食住行。对于吃，我的恋爱度是在餐厅里一次点十个菜都没问题，只要你吃得完。我不喜欢点一桌菜然后每盘就吃一口这种行为，这是一种资源的浪费，也是对生活的不尊重。住，我认为因人而异，你有多大的能力就买多大的房子，或者根据自己的能力去相合适的房子。前面也写过，尤其对年轻人来说，多开阔眼界比现在住什么样的房子重要得多，也许现在对你来说一百万是很大一笔钱，但如果你有能力，未来发展得好，到时候可能两百万都只是一个小数目。

有人说现代社会中金钱的作用越来越重，会深刻影响生活品质，这话没有错，但我们也应该知道经济学原理中有一个词叫"边际效应"。在达到一定的财富积累后，我们更应该关注的是生活品质，不要为了追求财而放弃你想要去做的事情。

你好啊！

一个经典的议题：女孩和男朋友出去约会时，到底应该谁埋单？

恋爱时我是主张AA制的，最起码在恋爱初期应该这样。因为自己是个有经济能力的人，为什么要让别人帮我埋单呢？换句话说，别人又有什么义务为我埋单呢？我的一些朋友在认识男朋友之后，周末拉着他逛街，然后要他买这买那。但男朋友不是你的提款机，没有义务给你买东西。如果以后我儿子一天到晚给别的女生埋单，以我的性格，一定会很骂他一顿。

作为女生来说，如果你是以男友买东西为前提而爱他，那你们的关系和商品买卖又有什么区别？如果你是真的喜欢他，那就应该懂得爱的给予是相互的。

一些法国女人让我感触颇深，我也曾写过：有一次我在巴黎的餐厅吃早餐，碰见一对男女，两个人在吃饭时就不停热吻，非常法式的那种，羡煞旁人。但到埋单的时候，我却发现他们的菜单是独立的，男人和女人各自付自己的那份。那一刹那我并没觉得这个关系很"另类"，反倒是非常轻松的。

致/每一个/女孩

或者自己的原则，不然到老了你就什么也不剩了。但话说回来，你也不能因为追求自己的理想完全不考虑口袋里的东西，这也不大现实，因为人还是要生存的，要在自己能力范围内找一个平衡。

为了保证财富的"心理安全"，理财和储蓄就显得非常重要。

我大概会拿到的钱的30%做投资，可以买股票或定投基金，这是高风险一点的投资方式，也可以直接把钱存定期，回报率比较稳。然后拿20%的钱或者30%的钱做日常花销，然后剩下的40%到50%可以用作将来买房子的基金存下来。

一个建议：当你的住所稳定后，人也会相对稳定一些。尤其是在30岁之后，最好就要开始规划一下自己的买房方案了。因为做过房地产，所以这方面我自认为还有些发言权。

你可以先攒钱买一个大的房子，五十平方米、三十平方米都可以。通货膨胀是大趋势，所以申请还贷款时间越长越好，随着你的经济实力提升，你的还贷压力会越来越小。一个搞金融的朋友的说法和我一样："未来的趋势一定是钱越来越不值钱，十年前买苹果要花多少钱？过个十年

你再看看苹果多少钱一斤？所以如果你有首付的能力，最好尽快买一个房子，申请最长的还贷时间就行了。当时我买房是爸爸付的首付，但他没有给月供的钱："你大能花钱，每个月买一堆东西，就是因为没有房贷压力，所以我得给你一点压力。"以前我还真的每个月有多少就花多少，但

自从开始还房贷，吃喝都有点缩手缩脚。当然，这都是因人而异的事情，如果你觉得实在吃力，也没必要放弃自己的生活品质。女孩不要年轻的时候用别人的钱追求名牌和名贵手表，不是靠自己的双手赚来的钱是没有意义的。"一夜暴富"很可能把你的后半生都毁掉。

**年轻时最重要的是锻炼自己的能力，这本身就是在积累财富。年轻时学会赚钱的本领，好处在于不论在哪儿、不管发生什么你都有生存的能力，这就是经济独立的重要性。**

年轻时吃点儿苦，到老了也是一件很值得回味的事。我刚来北京的时候谁都不认识，吃过两个礼拜的馒头蘸酱豆腐，现在回想起来这苦呀？其实一点不苦，反而成为一种小小的可以炫耀的谈资。

一直陪伴你的
Meme T

在法国参议院采访法国
前总理 Jean-Pierre Raffarin
（让-皮埃尔·拉法兰）

Q&A

什么时候可以
无拘无束

Q&A

什么时候可以
无拘无束

Q&A
/
什么时候可以
无拘无束

Q: 大家在很忙的时候常常会忽略掉
一些礼仪，你怎么看？
对于规矩也总有疲倦和犯懒的时候，
你会怎么做？

我并没有说一个人在家里面对一大盘子豆子时，要
一个一个地叉着吃，你要是犯懒了也可以拿着勺子
吃，甚至直接端起盘子往嘴里倒都没问题。我觉得
礼仪最重要的是让他人感到舒服，同时在不影响他
人的情况下，让自己感到舒服。

忙要分场合。就算你再忙，如果周边环境和氛围需
要你"约束"一下自己的话，你还是应该遵守。比
如，参加一个很高大上的晚宴，你还是需要穿西装
打领带，遵守这个规则，不能以自己太忙或者没人
注意到你为借口，穿着牛仔裤就去了。

礼仪是一种尊重他人的意识，而这种意识是不能偷
懒的。

## Q: 中国人和中国人交往，还需要遵守这一大堆西方礼仪吗？

我们的祖先有自己的一套礼仪方式，但就像之前提到的，它在很多地方其实和西方礼仪是异曲同工的，比如吃东西不能吧唧嘴，喝汤不能有吸溜的声音。礼仪的形式可能是多样的，但精神是统一的。我始终强调的不是一定要拘泥于什么样的"方法论"，而是应该遵守这种"世界观"。

"西方礼仪"这个词本身不太准确，我还是认为应该叫"国际现代礼仪"。换个角度来讲，西方人来中国吃中餐时也必须要会使用筷子，这是对我们文化的尊重，也属于"国际现代礼仪"范畴。

## Q: 中国的古人有一套古礼，
## 你怎么看待它在现代社会的适用性？

我们古人的礼仪真的是博大精深，如果有机会的话，
我也愿意去系统地学习。但在今天这个高速化、碎
片化的时代，先不说适用，有人愿意静下心来去了
解，就已经很难能可贵了。

## Q: 如果你去一个没人认识你的地方，
## 你会偷偷不遵守哪些规则？
## 能不能透露几招既不违反规则
## 又能偷懒的私人招数？

说真的，我去一些没人认识我的地方时，是会有一点
小小的放松，可能坐着的时候背就没有那么直，这应
该就是我的偷懒小套路。但我还是要强调：礼仪最
重要的是环境。比如，你在美国吃饭，所有人都是直
接用手抓着汉堡吃，你就没有必要非得按照英式礼
仪方式，而要入乡随俗。最重要的不是规则，而是
不要让人觉得你很刻意或教条，也就谈不上偷懒。

与时尚设计师Alber Elbaz
（阿尔伯·艾尔巴茨）

213

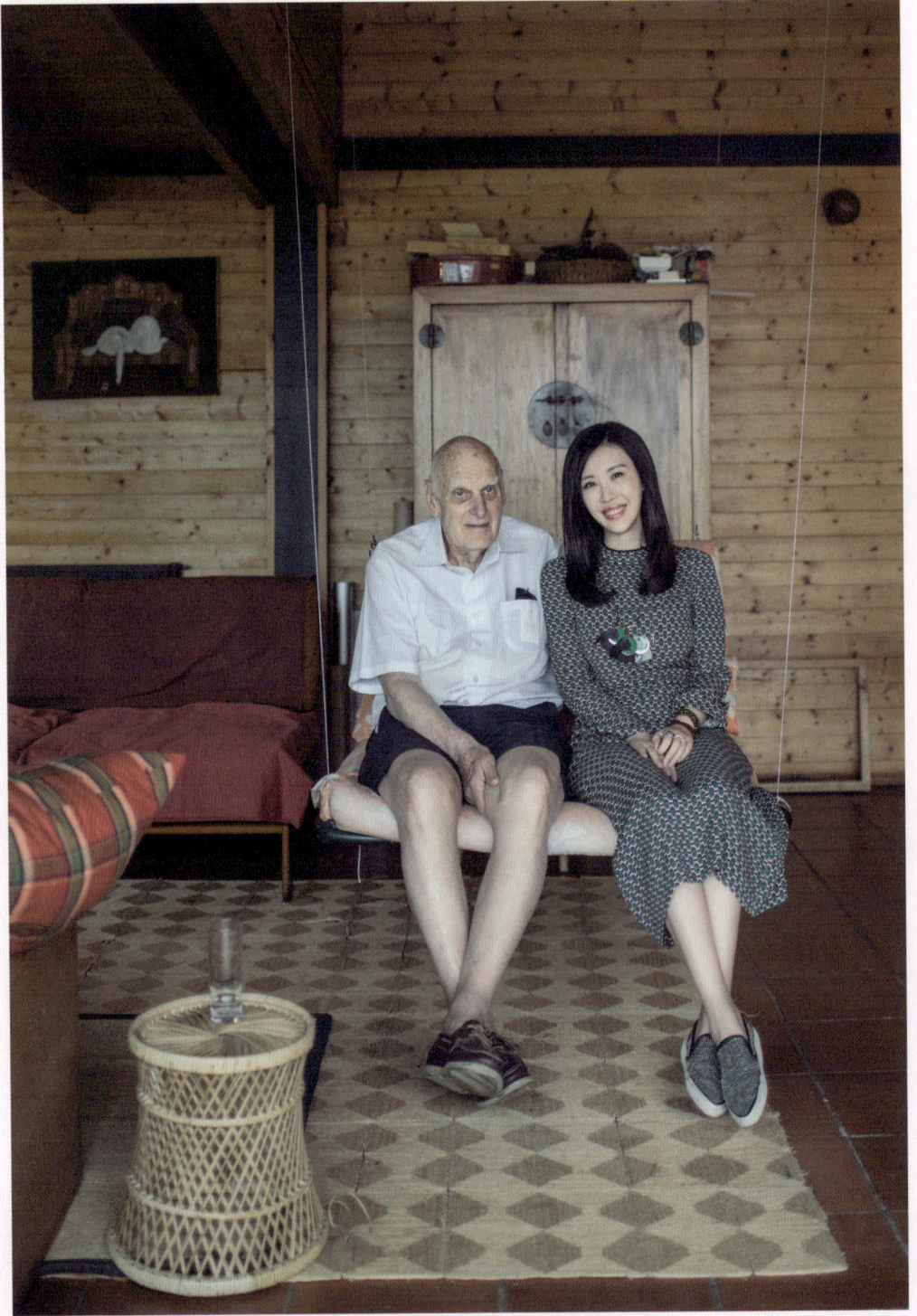

Q: 现在每个国家都存在"自有传统文化"和"国际现代文化"并行的情况。以中国为例，一部分人更"传统"，另一部分人更"国际"，从内到外都是，而他们又常常在同一个场合相遇。
假设你是一次晚宴的女主人，会以什么原则和方法协调他们的关系？

作为一个主人，最重要的是让客人感到舒服，而不是强调什么规矩。我会找到一些折中的办法，或者尽量提供两种选择，比如餐具或活动安排。

但现在很多情况下，最大的矛盾不是"传统"和"现代"的对立，而是"文明"和"不文明"的碰撞。

以前有一次在晚宴上，我目睹一个朋友在吃西餐时直接拿刀往嘴里送食物。看到这一幕的时候，除了震惊这是不符合礼仪规范的，我心里还隐隐担忧他这要是划破了嘴可怎么办，实在是很危险的行为。

如果回到那个时候，在晚宴过后，我会悄悄跟他说：快来上我们承礼学院的课吧，教你如何在当今社会成为一个得体的国际人。

与世界工业设计大师Richard Sapper
（理查德·萨博）

215

Q: 如果到了云南的少数民族村寨
或者闽南那种传统习俗浓厚的地方,
这套礼仪规范还应该继续遵守吗?

尝试着融入一下当地的风土人情,也许会收获更有
趣的体验。

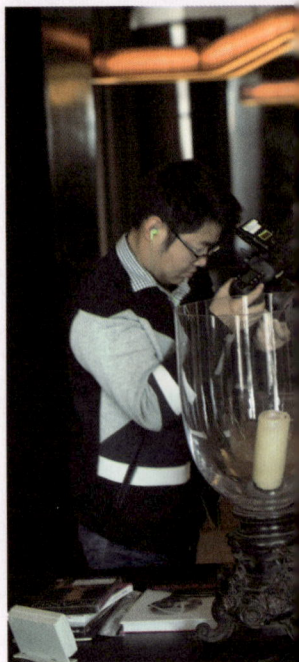

Q: 熟人在一起会省掉那些
繁文缛节吗?

朋友之间也存在一个"度"。例如,我始终认为,
个人隐私方面的东西,如果他 / 她不愿意跟你聊,
就不应该过多地去问,不然有时会让人觉得你好像
是在打听他 / 她的私事。君子之交淡如水,在别人
有需要的时候,我愿意挺身而出,而不是每天腻在
一起,这是我交朋友的方式。

Q: 在京都、新德里、迪拜、伦敦等地方，礼仪规范有很大不同，作为一个"国际人"，如何在频繁的全球旅行中做到始终得体，还不累着自己？

全球旅行最大的好处是让你有一双会发现的眼睛。我经常会观察别人都怎么做，留心当地的习俗。比如，在韩国吃泡菜时，我就会看本地人是怎么卷菜怎么卷肉怎么蘸酱的，然后再去模仿，这就有了一种入乡随俗的代入感。

再比如我在科威特，印象很深的是都是男士们先上桌吃饭，而女人们只能待在另外一个房间里。我也问过为什么不能跟着一起去吃饭，他们说：因为你们是女人，所以就是要在别的房间里。但是在了解了当地的文化之后，我发现大家的想法都是这样的。礼仪很重要的一点就是尊重别人的想法，所以我也就只能和满屋蒙着头巾的女人们一起吃了。这是一个挺特殊的经历。

在凡尔赛宫开会，也是第一次全法语会议

# Q: "礼仪"能给人带来快乐吗?

礼仪给我最大的快乐是，到任何新地方都不会让自己显得突兀。比方说参加晚宴，根据晚宴的场合，我要衡量穿大礼服还是小礼服；去健身房，会穿运动衣而不是华服……这些道理大家都知道，但到实际运用的时候，礼仪就是一种体现出你对他人尊重的最直接的方式。

我有次在英国参加晚宴，那场晚宴请的是英剧《唐顿庄园》的制片人、编剧和演员，看过这部剧的朋友一定了解，这是一部非常讲究英国贵族传统礼仪的良心剧目。庆幸的是，当时我已经完成了礼仪课的系统学习，所以在宴会上我可以自信、得体地坐在大家身边，表现自如，而不是紧张和焦虑。那一瞬间我就放下了从前由于缺乏礼仪知识给我带来的羞愧，感谢自己对礼仪的认真学习，过后你就会明白掌握礼仪、使用礼仪绝对会给人带来莫大的便利和快乐。

## Q: 男人和女人，在遵守礼仪方面有什么不同吗？

会有一点不同，比如着装要求或肢体语言的小细节。但大体上会有一个殊途同归的方向，就是要成为一个优雅得体的人。比如握手时，女方可以伸出手主动握男生，而男生则常常不被允许这样。

## Q: 如果全世界最懂礼仪的女人段位是 100 分, 你觉得自己做到了多少分?

如果满分是 100 分, 那我某些地方可能会拿高分, 比如穿着打扮。某些地方我的修炼还不够, 需要继续提升, 比如气质和形体, 当然这是每个人一生的功课, 不是靠数值可以衡量的。很重要的一点是, 你要保持让自己不断进步, 不断吸取养料, 就像我所看到的巴黎女人, 永远让自己处在一个优雅和迷人的氛围里。

223

## Q: 如果觉得自己还有继续学习的空间，你会学习什么?

想学习的东西太多了，比如法语、探戈、街舞，如果可以，甚至还想学做一两道菜。生活很美妙的地方就是每一天同样都是 24 小时，但每个人的利用方式不同，人生的精彩也就不同。

与美国超模Rachel Hunter（雷切尔·亨特）

## Q：每个阶层的人都应该学习这些礼仪规范吗？

世界越来越广阔，也越来越平，所谓的平，就是一个人会接触到越来越多阶层的人。掌握一套礼仪规范就相当于懂得了一个公式，这不代表每天回家后要求你的家人也这样做，而是在你需要的时候就可以拿出来使用。

## Q: 什么叫自然，什么叫做作？

自然就是学到的东西能够在适当的场合、适当的机会适当地使用，做作指的是明明别人都在用手拿东西，你非要拿刀叉来显示你的正确性和高贵性。如果大多数人不知道，你就应该随着不知道的人去做，这是让他人感到舒服的方式。

## Q: 礼仪方面什么样的错误可以被原谅？

不知道的就可以被原谅，不知者不怪。任何一个懂礼的人都应该有一颗包容的心。

Q&A

／

自恋
是一种态度

&A

恋
一种态度

Q&
／
自恋
是

Q&A
/
自恋
是一种态度

## Q: 关于"吸引人的女性应具备的特质",你怎么看?

"吸引人的女性"最重要的前提是爱自己,如果连自己都不爱,怎么有足够的能力去爱别人呢?在对自己有信心的同时,也对他人有同理心与共情心,这样的爱才是彼此都充满张力和相互支撑的。

## Q: 除了经济方面,还有什么对独立女性来说也是很重要的?

经济独立非常重要,这个我在书中已经详细写过了。尤其是去年经历一些事之后,我越发觉得这是一个基础,而在这个基础上,独自产生快乐的能力和追逐人生理想的勇气,都是更高一层的境界。

法国龚古文学奖评奖委员会主席Bernard Pivot（贝尔纳·皮沃）

## Q: 现在你有很多身份, 演员、投资人、专栏作者, 等等, 你最喜欢哪个?

没有最喜欢哪个, 我只是非常忠于自己的热情和感兴趣的工作领域, 一旦工作也会非常投入, 并且尽量把每件事做到自己满意的程度。当然我能做这么多事, 一是离不开团队的共同努力, 二是离不开朋友的包容与帮助, 所以我真的非常感恩。

## Q: 现在每天工作多长时间?

每天早上七点多起床, 八点多开始工作, 夜里两点左右睡觉。时间很公平, 每天都只有 24 个小时, 就看你去怎么利用它。

Q: 除了时尚,家居设计也是你很喜欢做的一件事, 而你做的起因是有人说过"你不行"。你在被否定的时候是否会特别想证明自己?

起因说来有趣,因为之前我被某个朋友当众讽刺说"你根本不懂设计",刺激我跑到图书馆一口气埋头读了 800 多本装修方面的书,还找到巴西的设计师,观摩他设计房屋的过程,从中偷师。

现在我自己对着三张户型图能看五个小时,甚至可以帮一些朋友做设计图。我相信无论擅长与否,只要认真钻研,每个人都可以突破自己原有的局限性。

与法国国宝级厨师Alain Ducasse（艾伦·杜卡斯）

## Q: 未来在影视剧方面有没有新的计划?

接下来我会拍一部关于女性职场的戏。当下大部分的职场戏主要以情感为主，而我希望能够拍出一个侧重工作层面的，其表达的核心思想就是"生活没有捷径，唯一的捷径只有靠自己的努力和坚持"。

## Q: 那么你如何管理自己的身材？

说出来可能有点招人恨，我是那种不太能吃胖的体形。但是血型减肥法还是蛮准的。我尽量晚上不吃主食，也有偶尔吃的有点多的时候，就会有几个晚上啃黄瓜，因为我不爱运动，这就是我的懒人减肥法。

巴黎拍摄期间，与前法国第一夫人、顶级模特、歌手Carla Bruni Sarkozy（卡拉·布吕尼·萨科齐）等大合影

## 我保持身材的小 TIPS:

A 型血

A 型血一定要慎食牛肉、羊肉等肉类，最好以鲜鱼
和鸡肉取而代之。可以采用的方法：素食主义 + 适
当运动。

B 型血

对 B 型血人来说，减肥只是意味着少吃面条和鸡肉。
可以采用的方法：心情愉悦 + 少吃多餐。

O 型血

O 型血人不易消化乳制品、豆类和谷物食品，应少喝
乳制品，可以采用的方法：大胆吃肉 + 少吃谷物。

AB 型血

AB 型血人最适合吃的水果非西柚莫属。可以采用的
方法：均衡饮食 + 简单烹饪。

## Q: 你的穿搭技巧是什么?

Less is more. 穿衣服最重要的是知道自己身材的优
势与劣势,尽量选择简洁的搭配,适合性格、适合
场合。我比较男孩子气,很多时候我喜欢穿线条简
单的衣服。

保持体形对穿着也非常重要,因为太胖或者太瘦穿
衣服都不会很好看。

**Q：在书中你谈到了感情观，而关于你个人的感情外界也有很多评论，对此你有什么感受？**

感情是一件特别私人的事情，我觉得随缘珍惜最为重要。

**Q：那么你又是如何看待自己的感情？**

很幸运，我遇到了一个彼此非常合适的人，我们相互鼓励，相互促进，在岁月中，不断丰富圆满我们的生命。

加州拍摄期间与拍摄团队合影

## Q: 感觉你性格里有些男孩子气，对此你怎么看？

确实，我身上多少还是有一些男孩子气的，虽然在生活中我也很爱美，但我在工作中于人于己不会在意性别，尤其在做事时，我只记得自己是一个专业的人。

## Q: 你怎么看待男性和女性的区别？

其实身为女人我们有一些先天优势，也有很多不公平的地方，但反过来说男人也是如此。这个社会不是一个纯男性的世界，也不是一个纯女性的世界，它需要双方的互补，男性与女性虽然在身体力量、思维方式、社会角色的期待上都有很大差异，但是他们对于实现自己理想与对这个世界的贡献都是同等重要的。

# 后记
/
## 致每一个
## 读过和未读过
## 这本书的你

小时候，爸爸妈妈工作很忙，因为照顾不过来，早早就把我送进了学校。当时
年纪小，只会写四个字，除了自己的名字之外，第一个学会的就是"美"字。
而且每次写名字的时候，我必定要加上这个字，写出来就是：田朴珺美。

到了七八岁时，我开始喜欢帮身边的小朋友打扮，有时候甚至还给大人化妆。
有一次一个阿姨来家里做客，我觉得她有些不开心，就拿出妈妈的化妆品说：
"阿姨我来帮你化妆吧，你变漂亮了就会开心了。"

现在回忆起来，这些趣事虽然幼稚，却也说明在潜意识里，我自小就觉得"美"
是好的，美丽是能给人带来快乐的事情。

随着年龄的增长，我逐渐认识到，美说起来容易，做起来却没那么简单。在自
然界，美体现在草木山川，是天地之灵，日月之精所钟；对于人来说，美体现
在衣着得体，举止合宜，谈吐优雅，胸怀豁达，而这一切，都离不开"礼"的
熏陶。

243

中国自古是礼仪之邦，衣食住行都有规矩，这些规矩就是"礼"。人知礼而美，贫而知礼则不卑，富而知礼则不亢，人人知礼则天下和。如今生活节奏越来越快，大家越来越忙，匆匆向前奔，忙的时候渐渐把"礼"落在了身后，其实这是不对的，工作和赚钱的根本目的就是过上美好的生活，有了钱，却忘了美，岂不是本末倒置了？诚然，美需要以一定的物质条件为基础，但物质绝不能代表美。真正的美好是物质财富和精神美学的总和，不是光用钱就能买来的。

以外在的衣着为例，现在大家都有条件来打扮自己了，但方法和尺度有时却掌握不好，不是"方向跑偏"，就是"发力过猛"。不是只有穿很贵的衣服才能显得美，而是要通过恰当的选择和得体的搭配来表现自己的品位和修养。美是自然"流露"出来的，不是刻意"炫耀"出来的。

比如，你要去参加朋友聚会，一双好看的帆布鞋搭配牛仔裤和白 T 恤，看起来就很清爽很有型了，不是非得配一个多少万元的名牌包包或昂贵珠宝，才能让你找到自信。

但是，如果在某些正式场合也走"休闲风"，则有些失礼。2001 年，世界三大男高音在北京开演唱会时，一些社会名流穿着牛仔裤就到了现场。在重大演出场合，穿礼服或西装才是标配，才能体现对演员和艺术的尊重。

令人欣慰的是，十多年过去，北京社交场合的面貌已经规范了很多。

随着全球化进程加快，我们有越来越多的机会走出国门，因此光懂得咱们老祖宗的"老规矩"是不够的，还应该掌握国际上通用的礼仪守则。这本书里所讲的"现代礼仪"，不是单纯的东方或西方礼仪，不是非此即彼的二元论，而是各国通行的社交规范，如如何握手、打招呼、自我介绍、使用刀叉等，其中的讲究，除了大家都知道的常识之外，还有很多小秘籍呢。

要在任何场合都做到"得体"二字，虚心学习是唯一途径。我上过一些其他国家的礼仪课，虽然内容细节不同，但有一点是共通的：要让别人觉得与你相处是舒服的，是受到尊重的。学习礼仪的过程，就是由内而外美化自己的过程，通过学习礼仪，可以把自己修炼成更好的样子，成为更美的人。

美是最公平的东西，任何人都可以拥有；美也是最苛刻的东西，需要用心体会与修炼。礼是通向美的道路，一言一行皆有学问，一颦一笑亦是人生。从现在起每天都掌握一点礼仪知识，让自己更美一点点，那么我们的时代，也必定会越来越美的。

有朋友评价我是"爱美的工作狂"，我不敢说自己是最勤奋的人，但对于工作确实是百分之百地投入，而很幸运的是，身边也一直有团队和朋友在帮扶。就拿这本书来说，我特别想感谢出版社的负责人微微，设计师中华老师、刘明老师，摄影师大勇、王简、李正佳，插画师饭煮豪；我们公司的皇甫、老焦、安琪、大元，承礼和九天云大家庭的所有成员；我的朋友 Bruno Wang 和 Cyril Gonzalez、唐小松、邹文、林楚方、张捷女士、王锋、靳羽西女士、罗振宇及所有提出宝贵意见和建议的朋友和我的家人。正是因为大家的共同努力，这本书才得以顺利出版。在此请允许我再次表达感谢，感念，感恩。

致我"美"的启蒙老师——姥姥，您永远在我心里。

谢谢生命。
谢谢大家。

Meme T

凡尔赛宫（Chateau de Versailles）
承礼学院巴黎结业晚宴；
承礼学院是第一家在凡尔赛宫举办
晚宴的中国企业

图书在版编目（CIP）数据

那些钱解决不了的事 / 田朴珺著 . — 北京：北京
联合出版公司 , 2018.7

ISBN 978-7-5596-1866-5

Ⅰ.①那… Ⅱ.①田… Ⅲ.①成功心理 – 通俗读物
Ⅳ.① B848.4-49

中国版本图书馆 CIP 数据核字（2018）第 055487 号

## 那些钱解决不了的事

作　　者：田朴珺
责任编辑：刘恒
特约策划：青辰
特约编辑：牟雪寒

北京联合出版公司出版
（北京市西城区德外大街 83 号楼 9 层　100088）
北京市雅迪彩色印刷有限公司印刷　　新华书店经销
字数：157 千字　　　700mm×980mm　　1/16　　印张：16
2018 年 7 月第 1 版　2018 年 7 月第 1 次印刷
ISBN 978-7-5596-1866-5
定价：55.00 元